ホモ・サピエンスの誕生と拡散

篠田謙一 監修

はじめに

日本の学校では、人類の起源や進化については生物学か世界史で学習することになっています。一方、日本人の成り立ちについては日本史の授業で学ぶことになっていますので、両者を結びつけて考えることはありません。しかし、本来両者はシームレスにつながったものだということを最近の人類学の研究は明らかにしています。

私たち現代に生きる人類は、生物学的にはホモ・サピエンスという1種の生物です。しかし今でこそたった1種類になってしまいましたが、チンパンジーとの共通祖先から別れて、私たちに至る700万年の歴史のなかでは、さまざまな人類がいたこともわかっています。ときには何種類もの人類が同じ場所に住んでいた時代もありました。そんな人類の歴史のなかで、私たちが登場するのは20~30万年前という比較的新しい時代です。しかも、私たちの祖先は誕生の地であるアフリカに10万年以上も留まっていたこともわかっています。アフリカを飛び出したのは1万人にも満たない人々でした。それが60億人を超えるアフリカにルーツをもつ人々以外の人々の祖先なのです。

そんなことがはっきりとしてきたのは、今世紀になって以降のことです。人類の進化史は私たち一人ひとりがもつDNAのなかに書き込まれています。そのことはDNAが私たちの体の設計図であるということがわかった、今から半世紀以上も昔から知られていたのですが、当時は読み解く技術がありませんでした。それが本格的に可能になったのはつい最近のことです。現在では、DNA人類学者が、歴史書を読むようにヒトのDNAを解析し、人類の起源と拡散に関するシナリオを描いています。

6万年前に出アフリカを成し遂げた私たちの祖先は、ユーラシアやオセアニアに広がり、2万年前にはアメリカ大陸に進出します。そのグレートジャーニーのなかで、いろいろな時代にさまざまなルートを通って日本列島にも人々がやってきました。彼らはやがて混じり合い、現代につながる日本人が成立していきました。私たちは、その総和としてのDNAをもっています。ですから私たちのもつDNAを読み解けば、日本人の成り立ちを知ることができるのです。

日本人の起源や成り立ちを語ることは、アジアにおける集団の成り立ちを知ることにつながります。そしてその先にはアフリカから出た人類が、どのように世界に広がったのかという壮大なシナリオが見えてきます。そう考えると、人類の起源と拡散が日本人の成立史にダイレクトに結びついていることが理解できるでしょう。本来、世界各地の集団の成立と日本人の起源の問題は、切り離すことができないものなのです。また、そのような認識をもつことは、世界と日本を見る目を変えることになるはずです。

私たちは変化の速い時代に生きています。今やパソコンやインターネット、携帯電話のない生活など想像もできない、と考える人も多いでしょう。しかしわずか30年前には、みんなそういう世界に生きていたのです。誰がこんな時代の到来を予測していたでしょうか。先が見通せない現代にあって、将来に不安を感じる方も多いと思います。しかし、そんな時代であるからこそ、私たちがどのような道をたどってきたのかを見直すことには意味があります。人類がどのような歴史を経て現在に至ったのか、日本人にはどのような経緯があって現在があるのか。私たちと世界の人たちはどのようにつながっているのか。長いスパンで人類史を見直すことは、これからの世界がどのように変化をしていくのかを考える視点を与えてくれるはずです。
　本書はそのような問題意識のもとで出版を考えたものです。現代ほど人類史の知識が必要とされる時代はないと思います。しかし、学問が細分化した現在、専門分野が解き明かした成果を一般の方々に理解していただくのには困難が伴います。専門用語がネックになることは明らかなので、本書ではなるべくそれらを用いずに説明をすることにしました。人類の起源と拡散、そして日本人の成立についての最新の研究結果を、短く項目ごとに解説しました。一つひとつのトピックは独立していますが、全体を通して読むと、人類の進化や日本人の起源について、わかるように構成されています。本書を読まれたみなさんが、現代の科学が解き明かした人類の壮大な旅をご理解いただければと思っています。

篠田謙一

目次

1章 人類の誕生から出アフリカまで

2章 世界に拡散するホモ・サピエンス

3章 解き明かされる日本人の成立史

◉執筆協力
今青ショーヘイ／目片雅絵／柚木崎寿久（オフィスゆきざき）／遠藤昭徳
◉本文デザイン・DTP
冨永恭章（c－s）
◉本文イラスト
池田悠高
◉編集・協力
クリエイティブ・スイート

ホモ・サピエンスの旅路

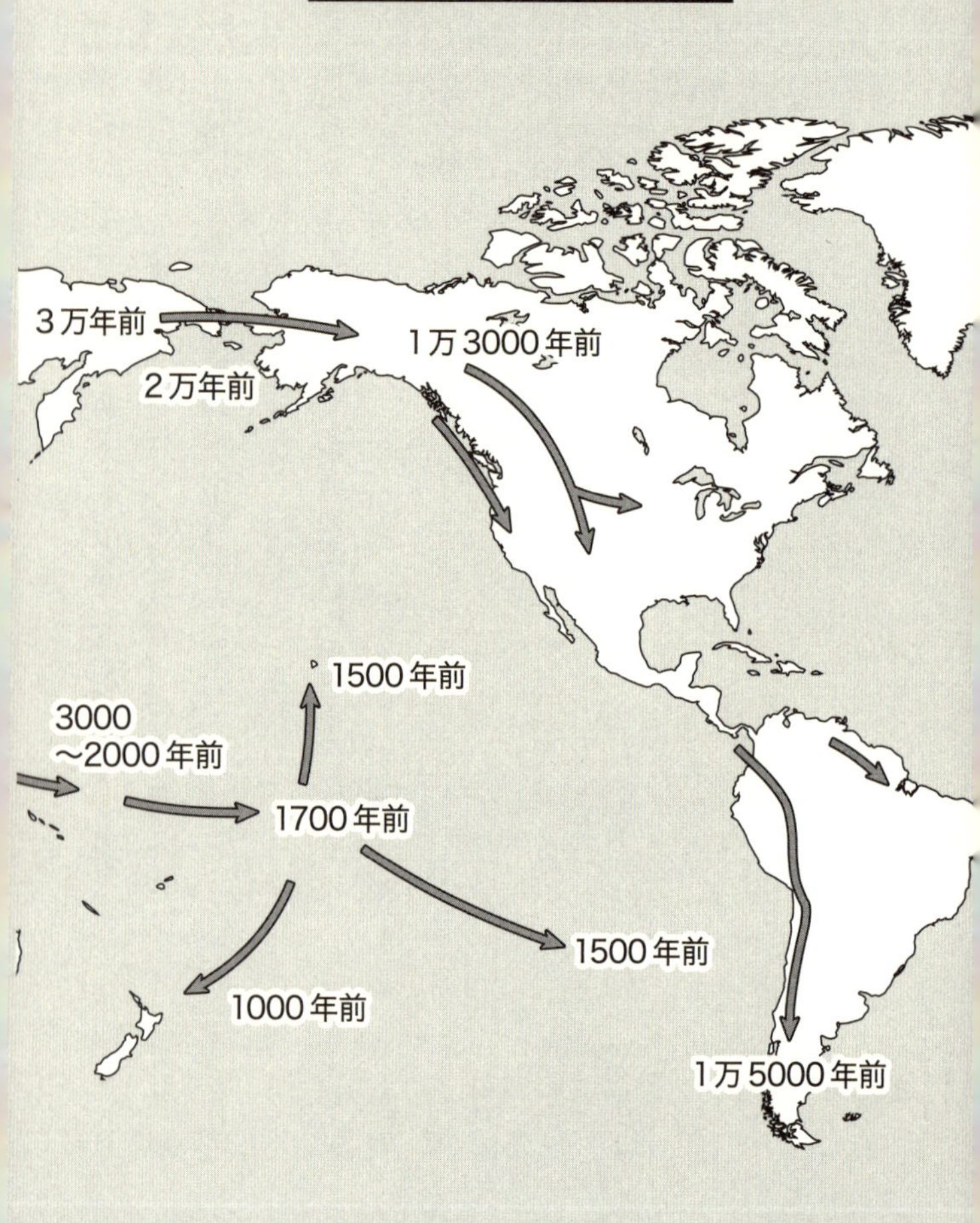
3万年前
2万年前
1万3000年前
1500年前
3000
〜2000年前
1700年前
1500年前
1000年前
1万5000年前

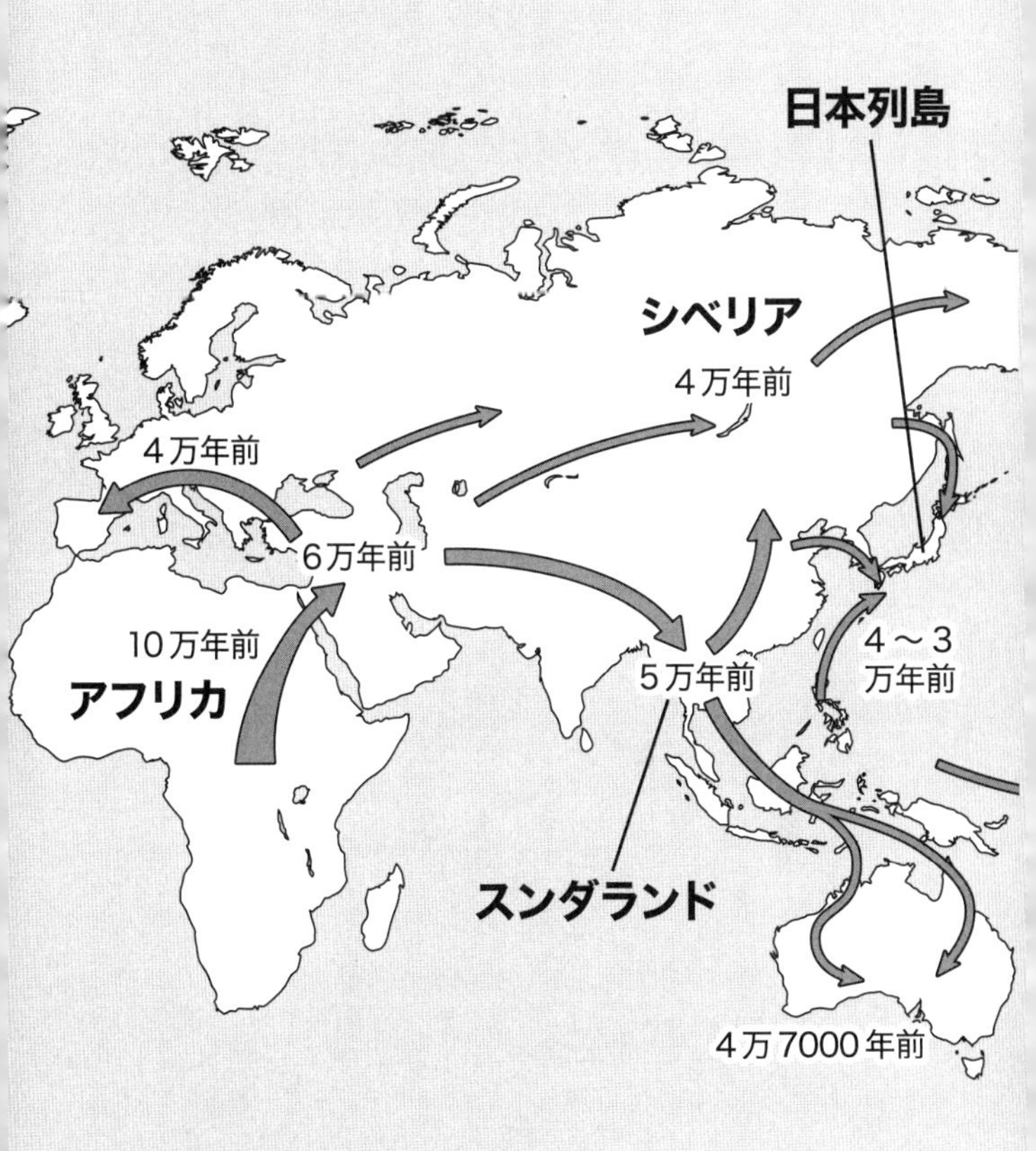
日本列島
シベリア
4万年前
4万年前
6万年前
10万年前
アフリカ
5万年前
4～3
万年前
スンダランド
4万7000年前

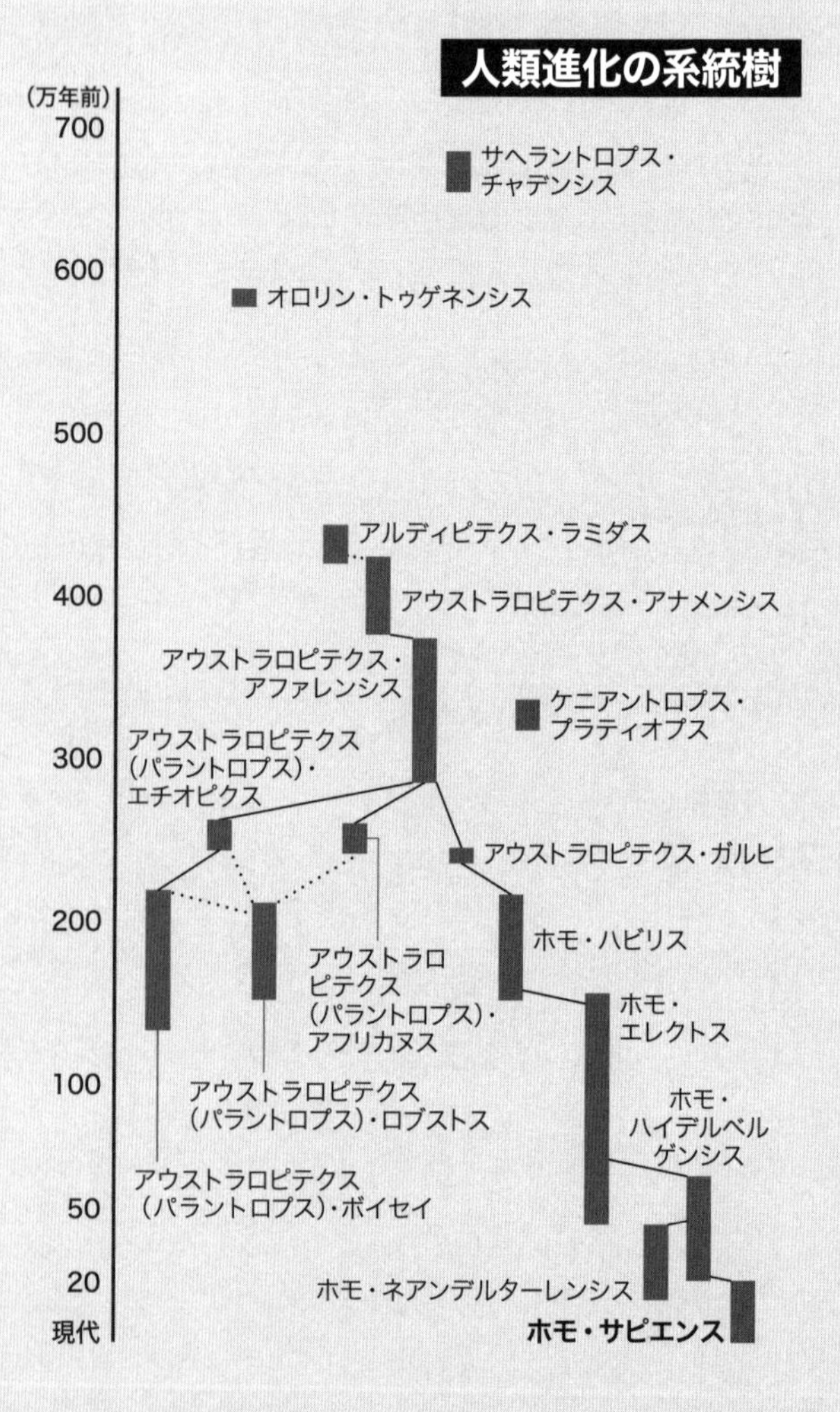
人類進化の系統樹
(万年前)
700
600
500
400
300
200
100
50
20
現代
サヘラントロプス・
チャデンシス
オロリン・トゥゲネンシス
アルディピテクス・ラミダス
アウストラロピテクス・アナメンシス
アウストラロピテクス・
アファレンシス
ケニアントロプス・
プラティオプス
アウストラロピテクス
(パラントロプス)・
エチオピクス
アウストラロピテクス・ガルヒ
ホモ・ハビリス
アウストラロ
ピテクス
(パラントロプス)・
アフリカヌス
ホモ・
エレクトス
アウストラロピテクス
(パラントロプス)・ロブストス
ホモ・
ハイデルベル
ゲンシス
アウストラロピテクス
(パラントロプス)・ボイセイ
ホモ・ネアンデルターレンシス
ホモ・サピエンス

序章

人類史を解き明かす科学技術

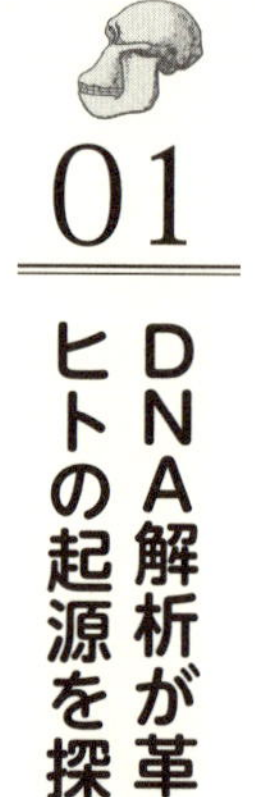

01 DNA解析が革命をもたらした ヒトの起源を探る学問・自然人類学

古来、人類は、**私たちとは何者か**、という疑問をもっていました。この「ヒトとは何か」を問う学問は、今日では「人類学」と呼ばれています。そのアプローチはじつに多種多様ですが、大きく「文化人類学」と「自然人類学」に分けられます。文化人類学とはその名のとおり、社会・文化的な側面からヒトとは何かを考える学問です。対する自然人類学とは生物としての人間の特徴を明らかにし、ヒトとは何かを追求していく学問です。本書ではこのうち、自然人類学を中心に話を進めていこうと思います。

自然人類学はヨーロッパ人の知識が拡大した19世紀始めの頃から研究されるようになり、ダーウィンの進化論と結びついたのは19世紀半ばのことです。この考えにより、人類もまた他の生物から変化してきたのだということが、一般的にいわれるようになりました。人類の祖先となった生物が、おおむね類人猿のようなものだっただろうということは、ダーウィンが進化論を発表した段階ですでに述べています。その**類人猿のような生物から我々が生まれてくるまでの間に何があったのか**ということが、現在に至るまで自然人類学の中心テーマとして置かれています。

長らく自然人類学の研究は、おもに化石証拠に頼って進められてきました。ですが、ここ数十年で自然人類学は大きな変化を迎えました。それが**DNA（デオキシリボ核酸）の解析などを利用した生化学的な研究の登場**です。そもそも、DNAが遺伝子の本体だとわかったのは1953年のこと。分析技術が整備され、本格的にDNAが研究に利用されるようになるのは、70年代に入ってからです。このまだ若い技術が、現在では化石と並ぶ人類史研究の軸となっています。

DNA研究によって何が変わったのかといえば、それは今まで化石証拠に頼らざるをえなかった研究に新しい視点がもたらされたということです。たとえば、人類は長らく原人の段階でアフリカを離れ、各地でホモ・サピエンスに進化を遂げたという「多地域進化説」が信じられてきました。

しかし、DNAの研究により、アフリカでホモ・サピエンスに進化した後で拡散したという「アフリカ起源説」が浮上したのです。この二つの説は、長らく対立していましたが、結局どちらも完全な正解ではなかったことが、現在ではわかっています。

この経緯や二つの説の詳細、問題点などについては1章で詳しく述べたいと思いますが、じつは複数の研究手法でまったく異なる結論が出されることは、分野を問わず珍しくありません。とくに、試料が足りない段階での研究では、異なる結論が出されるのは当然です。過剰にDNA解析をありがたがるような風潮もありますが、それは偏見です。**DNA解析が化石研究や石器をもとにした研究より特別優れているわけではない**、ということは覚えておいてください。

一つの問題を複数の視点から見ることで、新たな知見や発見がもたらされ、より精緻な結論を導き出すことができるようになってきた、ということが大切なのです。そういう意味では、DNAの研究が人類学にとって非常に重要なものになっていくことは間違いありません。また、それは人類学にとどまる話ではありません。あらゆる生物進化の研究に同じことがいえるのです。今後、DNA研究は生物学全体に新しい知見をもたらしていくことになるはずです。

遺伝学的な研究の発展

1859年	ダーウィンが『種の起原』を出版。進化論を唱えた
1865年	メンデルが「メンデルの法則」を発表。遺伝子の存在を予言する
1869年	物質としてのDNAが発見される
1926年	モーガンが『遺伝子説』を出版。染色体と遺伝子の関係を明らかにする
1953年	遺伝子の本体がDNAであることが発見される
1960年代	タンパク質の多型を分析できるようになる
1970年代後半	ＤＮＡ解析の方法論が確立され、本格的に研究に利用されるようになる

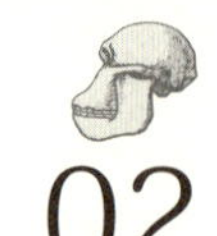

02 4種類の文字だけで書かれた生物の設計図・DNA

DNAという言葉は日常生活のなかでもよく聞くようになってきました。本書でもたびたび登場することになります。ではDNAとは何なのでしょう。それを最も端的に表した言葉が、よくいわれる**「生物の設計図」**です。

DNAはデオキシリボースとリン酸、塩基からできています。この3種類のセットがたくさん連なったものがDNAです。なかでもポイントとなるのが塩基の部分。**塩基には四つの種類があり、この組み合わせで、いわば文字をつくっています**。

この塩基によって書かれた設計図をもとに、タンパク質の合成が行われます。人体の大部分をつくっているのはタンパク質です。消化・呼吸などといった体内で行われるほとんどの化学反応に作用する酵素もタンパク質でできています。そのため、DNAはタンパク質合成の指示書であると同時に、生物の設計図だといわれるのです。

しかしヒトのもつ塩基（ＤＮＡ）の配列の大部分は、働きがわかっていません。ごく一部がタンパク質の設計図となっていたり、その合成を調節しています。このような部分を遺伝子と呼んでいます。そして**ヒト一人分をつくるために必要な遺伝子のセットが、「ゲノム」**です。なぜわざわざヒト一人分と断りをいれるのかというと、私たちは通常、両親からそれぞれ一人分ずつ受け継いだ二人分の遺伝子をもっているからです。私たちがもっている遺伝子の半分のセットがゲノムということもできます。

では、このＤＮＡを調べることでいったい何がわかるのでしょうか。じつは、現段階では調べている科学者たち自身も、どこまでわかるのかわかっていないのです。前述したようにＤＮＡのうち、働きがわかっている部分は数パーセントにすぎません。さらに、遺伝子の一部の働きがわかったとしても、別の遺伝子がそれを打ち消す働きをしていたり、助ける働きをしていたりという相互関係ももっているのです。一例ですが、身長に関わる遺伝子の数は、１０００以上あるといわれています。

また、研究は統計的な手法で行われますが、ある配列をもつ人がガンになりやすいということがわかったとしても、たいていはその発症率はもたない人のせいぜい数倍程度です。まだ、研究は始まったばかりなのです。

ただ、いずれはヒトのすべてがわかるのではないか、と考えている科学者もいます。脳や感情に作用するドーパミンなどのホルモンをつくり出すことにも、遺伝子は関わっています。性格や思考のパターンがDNAから語れるような時代がやってきたとしても、何の不思議もないのです。

人類学でいえば、この本でおもに述べているような、**人類の旅路のシナリオがより精緻にわかるようになってくる**ということが一番大きいでしょう。地域集団がどのように成立したのか、文化の変容やヒトの移動に関する情報もDNAから読み取れるようになっていくはずです。

さらに、現生人類を現生人類たらしめているものは何か、ということもわかるかもしれません。たとえば、かつて繁栄したネアンデルタール人とホモ・サピエンスとを分けた性質は何だったのか、ネアンデルタール人が滅び、ホモ・サピエンスが繁栄するに至った差とは何か、ということが見えてくるかもしれません。ヒトとは何かを知るための大きな手がかりになってくれるでしょう。

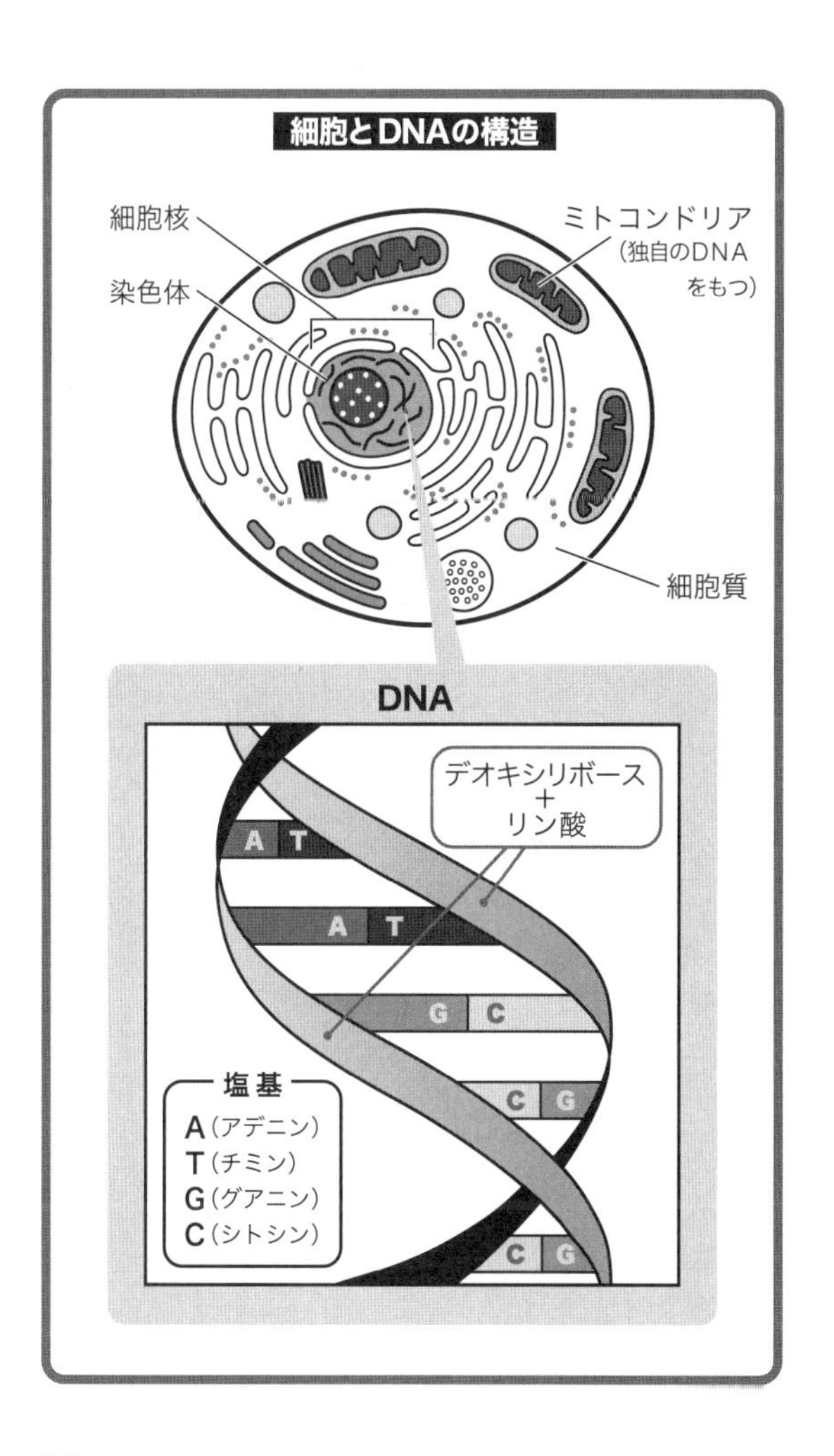
細胞とDNAの構造
細胞核
ミトコンドリア
（独自のDNA
をもつ）
染色体
細胞質
DNA
デオキシリボース
＋
リン酸
A
T
A
T
G
C
C
G
C
G
塩基
A（アデニン）
T（チミン）
G（グアニン）
C（シトシン）

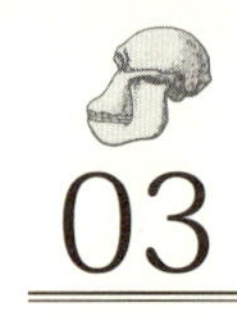

03 生物の進化にはDNAの突然変異と自然淘汰の2段階がある

人類の進化というと、猿がじょじょに立ち上がっていくイラストを思い出す人も多いのではないでしょうか。ですが、現在あのイラストは間違いだということがいわれるようになっています。**ダーウィンの進化論のキモは、自然選択説**でした。環境に、より適応したものが子孫を残し、姿を変えていくというものです。この説自体は間違いというわけではありませんが、現在はもう一つ**「突然変異」が重要なキーワード**になっています。

オスとメスのある生物では、DNAは両親から半分ずつ受け継がれていきますが、すべてがそのまま受け継がれるのかというと、そうではありません。DNAの複製の際には、化学物質や放射線の影響を受けて、わずかですがミスが起こります。塩基の一つが置き換わったり、塩基のセットが丸ごとなくなったり、2倍に増えたりするといった具合です。

これが「突然変異」です。前にも述べたように、DNAとは生物の設計図ですから、設計図が変われば、生物はそれまでになかった性質を獲得することになります。この新しく獲得した性質が環境に合っていれば、その個体は生き残り、より多くの子孫を残し、やがてその地域の個体がすべて同じような性質をもつようになるわけです。

よく進化の例に出されるキリンでいえば、高いところにある葉っぱを食べるために、じょじょに首が伸びていった、と考えている人が多いかもしれません。ですが、この説に当てはめて考えれば、まず突然変異によって今のキリンのように首の長い個体が現れ、ふつうの首の長さだったキリンの仲間が低い位置の草を食べ尽くして飢えているときも優先的に生き残り、多くの子孫を残したため現在の首の長さが定着した、ということになります。中途半端な首の長さのキリンがいないことも、これで説明がつきますね。

ただ、突然変異は環境に適応するために有利か不利かがはっきりしているものばかりではありません。むしろDNAレベルで見てみると、突然変異の大部分は自然淘汰にほとんど関係しないような中立的なものです。

では、この中立的な突然変異がどのようにして集団内に固定化され、広まっていくのでしょうか。これは、**じつはたんなる偶然**なのです。繁殖の際、遺伝子は無作為に選択されるため、特定の遺伝子が偶然何回も選ばれるというようなことが起こります。それをくり返すことによって、偏りが生まれるのです。小さな集団内では、この偶然によって、対立する遺伝子が消失してしまうことも起こります。偶然の蓄積がDNAの進化なのです。

とはいっても、この考えは自然淘汰を否定するものではありません。生きていくうえで問題になるような、有害な突然変異については淘汰が働きますし、ごく一部の見た目にもわかるような有利な変異も淘汰により定着していきます。

これが**木村資生(もとお)の提唱した「分子進化の中立説」**です。発表された当初は、自然淘汰説が万能だと信じられていたため、多くの批判にさらされました。しかし、その後のDNA研究で多くの証拠が集まり、現在では事実として認められています。

分子人類学では、この中立的な突然変異を調べることが非常に重要です。DNAの進化速度は、条件にもよりますが突然変異率に比例し、同じ種であればほぼ一定です。つまり、二つの集団の間に、どの程度中立的な突然変異が発生

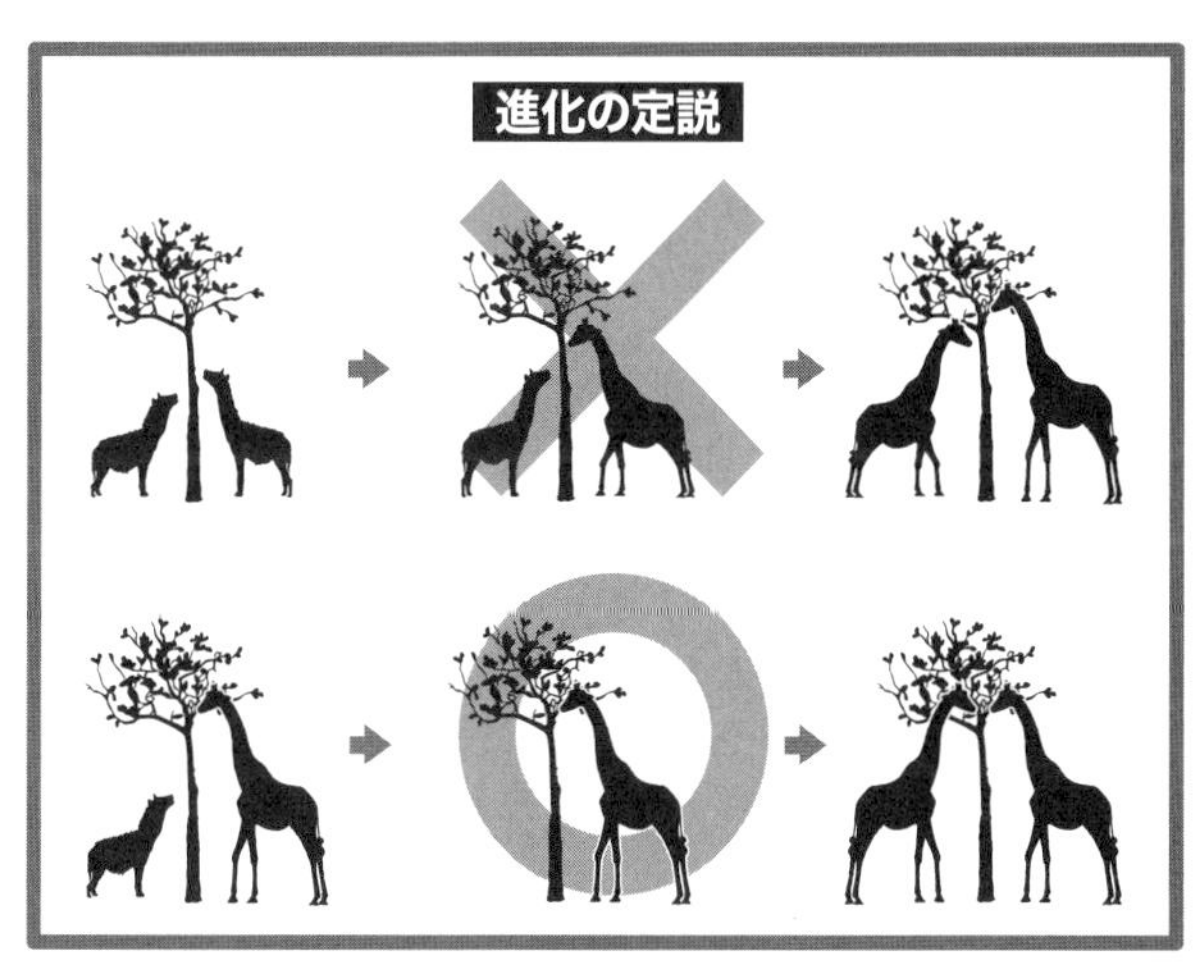

していかを調べれば、彼らがいつ頃分岐したのかを割り出すことができるのです。たとえば、年間10の変異が生じるとすると、1万の変異が生じるには1000年かかるというようなイメージです。

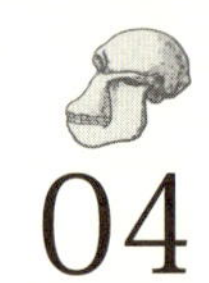

04

なぜ、地球上の人類は1種類だけなのか？

日本人はどこから来たのかを考える前に、考えなければならないことがあります。そもそも人間とはどういう生物種なのでしょうか。

現在地球上に存在している人類は1種類だけです。どれだけ見た目が違っても、同じホモ・サピエンスという種です。しかし、最初の人類がチンパンジーとの共通祖先から枝分かれして、独自の進化を歩み始めたとされるのはおよそ700万年前のこと。そこからホモ・サピエンスが今のような姿かたちで地球上に誕生するまでには、多種多様な人類が存在していたのです。

この後の1章では、「最初の人類はどういった姿をしていたのか」「初期の人類が食べていたものは何か」「ホモ・サピエンスとそれまでの人類との違いは何か」、こうした疑問に答えながら、ホモ・サピエンス以前に生息したさまざまな人類を見ていくことにします。

さて、人類の進化の歴史をたどるには人骨などの化石、石器などの考古遺物を研究する必要があります。しかしながら古代の遺物は発見することが難しく、それだけでは人類がどのようにして誕生し、地球全体へと広がっていったのかを正確に理解するには不十分なのです。そのため化石研究の不足を補う形で発展してきたのがＤＮＡによる解析です。

ＤＮＡはヒトの場合は多数存在する細胞内小器官であるミトコンドリアと、細胞核に含まれています。ミトコンドリアのＤＮＡは母親からのみ子どもに受け継がれます。また、核のＤＮＡのなかでも男性だけがもつＹ染色体のＤＮＡは、父親から息子にだけ受け継がれます。このようにどちらか片方の親からのみ受け継がれるＤＮＡを「**ハプロイド**」と呼びます。

ハプロイドのＤＮＡに突然変異が起こると、それは異なった性別の親がもつＤＮＡと混じることなく子どもに受け継がれていきます。このそれぞれの変異を**ハプロタイプ**と呼び、多くの子孫を残せば同じハプロタイプをもった個体の数が増えていきます。しかし、そのなかからもやがて突然変異が起こり、新たなハプロタイプが生まれます。系統をたどっていくと同じ祖先に行き着くものをまとめて、**ハプログループ**と呼びます。ハプロタイプはばく大な数があるので、集団を比較する際にはハプログループの頻度データを用います。

ハプログループは、最初は同じＤＮＡ配列から分岐したものなので、変異箇所を比較することで、ハプログループの成立過程を類推することができます。また突然変異は一定の世代間隔で起こると考えられているため、**それぞれのハプログループの成立年代を推定することも可能になる**のです。

とくにミトコンドリアのＤＮＡは約１万６５００塩基で、核にある約60億の塩基からなるＤＮＡと比べると短いので分析が容易です。さらに突然変異を起こす確率が非常に高く、人類集団のなかでもさまざまなＤＮＡ配列の違い、つまりハプロタイプが生じます。そのため数万年間の間に起こった人類の初期拡散を研究するにはうってつけでした。

ミトコンドリアＤＮＡの解析は１９８０年代に行われ始め、技術の進歩にともなって80年代後半からはＹ染色体の解析も行われるようになりました。あらたな技術の登場によって、長年もめていた「アフリカ起源説」と「多地域進化説」にもついに結論がもたらされました。ですが、ゲノムの全解析が終わったことで、１章の最後で取り扱うさらなる驚くべき事実が見えてきたのでした。

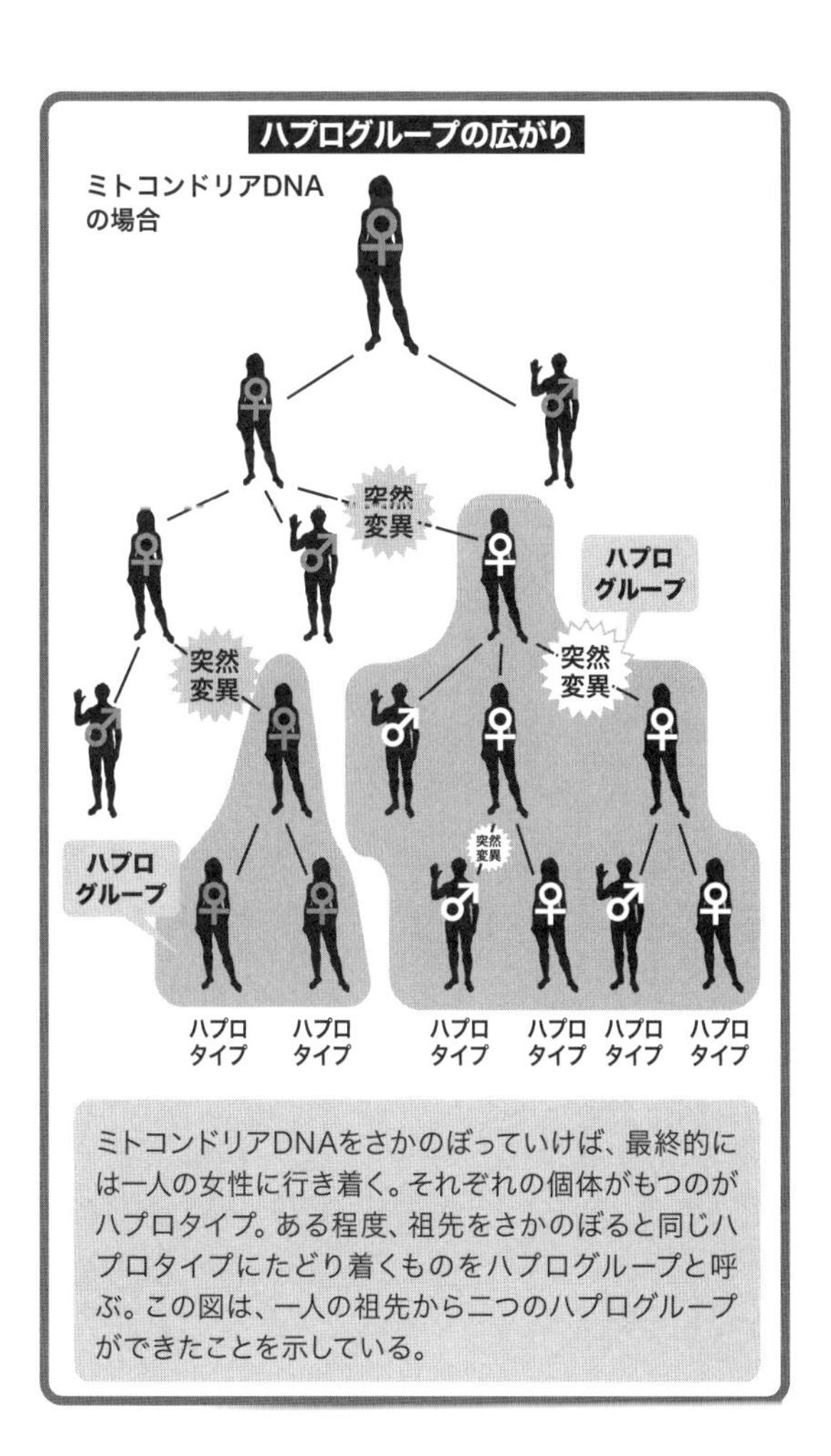

ハプログループの広がり
ミトコンドリアDNA
の場合
突然
変異
ハプロ
グループ
突然
変異
突然
変異
突然
変異
ハプロ
グループ
ハプロ
タイプ
ハプロ
タイプ
ハプロ
タイプ
ハプロ
タイプ
ハプロ
タイプ
ハプロ
タイプ
ミトコンドリアDNAをさかのぼっていけば、最終的には一人の女性に行き着く。それぞれの個体がもつのがハプロタイプ。ある程度、祖先をさかのぼると同じハプロタイプにたどり着くものをハプログループと呼ぶ。この図は、一人の祖先から二つのハプログループができたことを示している。

Column

人骨を扱うということの難しさ

人類学で避けて通れないのが、研究対象が人骨であるという問題です。扱いがデリケートにならざるをえないのです。ＤＮＡ解析により人類学研究が飛躍的に進んだことは前述のとおりですが、この技術にも扱いの難しさがあります。それは、多少なりとも人骨の破壊が必要になるという部分です。

さらに問題になってくるのが、その人骨が文化財か遺体かという点です。日本の場合は扱いがどちらになるかによって、従わなければならない法律がまるで違ってしまうのです。また、外国では異なる扱いがなされます。

文化財の一部を切り取らせてくれ、ということが難しいのは想像しやすいと思います。また、埋葬された遺体として扱われた場合は、遺族への配慮が必要になります。さらに、この扱いがじつは自治体によって異なるのです。こういった部分にも人類学の難しさがあります。

1章

人類の誕生から出アフリカまで

05 700万年前に登場した最初のヒト サヘラントロプス

進化論という言葉を聞くと、「人間はチンパンジーから進化した」とイメージしがちです。しかし人間は、チンパンジーから進化したわけではありません。**チンパンジーと人間は共通の祖先から枝分かれして進化した、異なる種**です。

ゴリラ、チンパンジー、オランウータン、テナガザルなどの類人猿と人間との最大の違いは歩き方です。我々人類は直立二足歩行ですが、彼らは四足歩行です。チンパンジーは腕が長く、地面に前の拳をつくように半直立で歩行するナックルウォークを行います。ナックルウォークは二足歩行より多くのエネルギーを必要とします。

人類の祖先は二足歩行を始めたことで、消費カロリーを節約することができました。また自由になった両手を活用することで、道具を使えるようになっていきます。そうしてヒトとしての進化が始まったのです。人類への進化はいつ始まったのか。それを知りたければ、**いつ二足歩行を始めたのかを知るのが一**

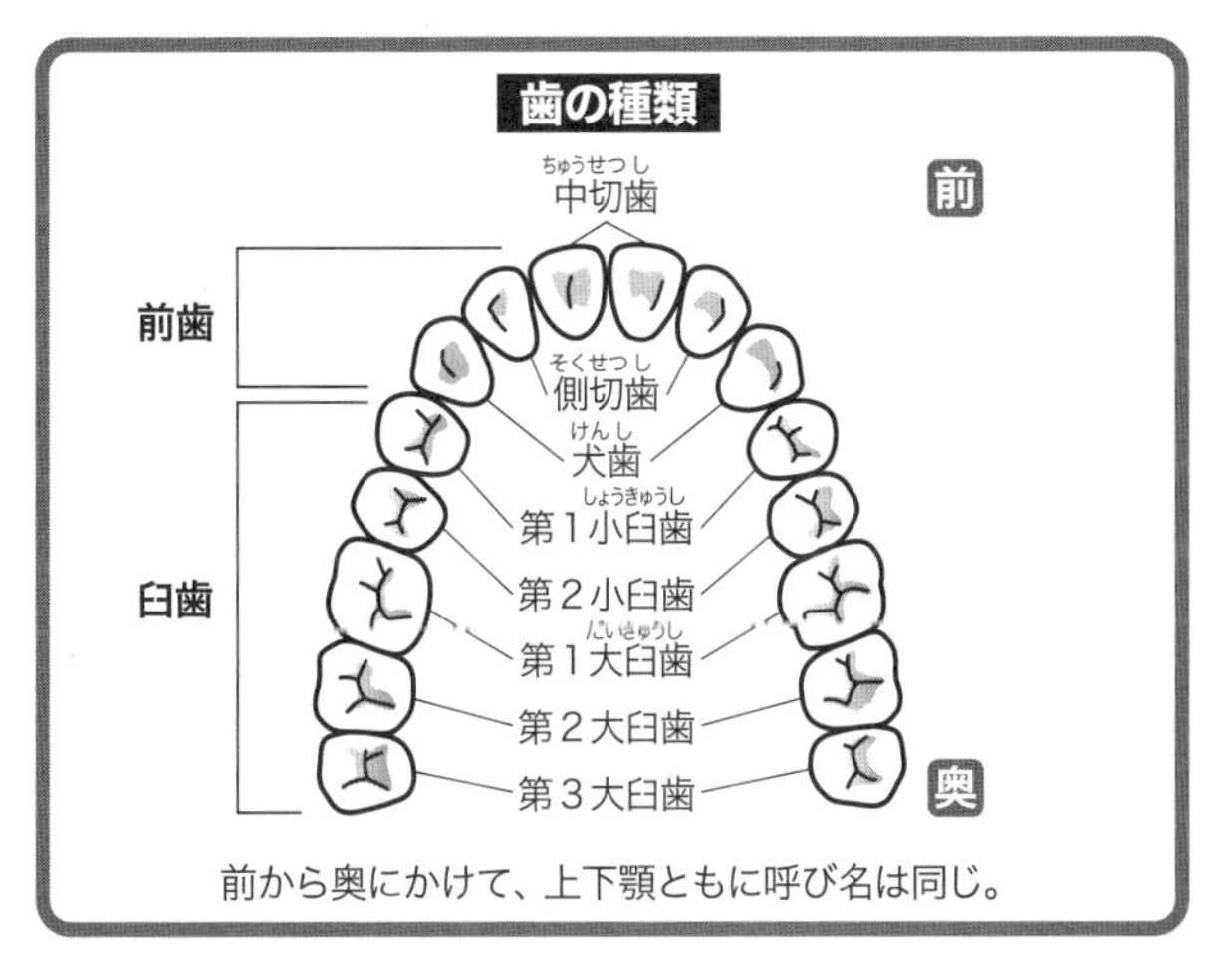

前から奥にかけて、上下顎ともに呼び名は同じ。

番早いのです。

２００１年、中央アフリカのチャド共和国のトロス・メナラ遺跡で、ほぼ完全な頭の骨が発見されました。この化石はサヘラントロプス・チャデンシスと名付けられました。頭骨から推定される脳の大きさと身長は、チンパンジーとほぼ同じ。しかし頭骨は、背骨のほぼ真上で垂直につながるようになっていました。そこから彼らがある程度二足歩行をしていたと予想されます。また**犬歯が小さく臼歯が大きい**。これもヒトの大きな特徴の一つです。

この化石は７００万～６００万年

前のもので、これまで見つかっているなかで最古のものです。そのため彼らが類人猿から人類へと歩み始めた最古の人類だと考えられています。

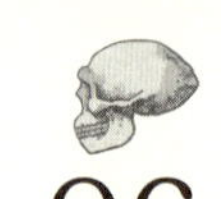

06 もう一つの最初の人類候補 アルディピテクス

じつは前項で紹介したサヘラントロプスは、あまりにも年代が古すぎるのと、頭骨しかないので、ヒトの直系の祖先であると確信している研究者はあまり多くはありません。多くの研究者が最初のヒトと考えているのは440万年前頃に生きていたとされるアルディピテクスです。

1992年、東京大学の諏訪元（すわげん）はカリフォルニア大学のティム・ホワイトらが参加する国際研究チームに加わり、エチオピア中部のアワシュ川中流域で発掘調査を行っていました。その際、諏訪は1本の臼歯を発見。それはヒトに近い生物の奥歯でした。調査隊はその周囲を調査し、さらに数本の歯、右の上腕骨の破片、上腕骨の断片などを発見しました。そして当時発見されていた最古の人類アウストラロピテクス・アファレンシス（390万～290万年前頃に生息）よりも原始的で、アウストラロピテクスとは異なる種であると確定。**アルディピテクス・ラミダス（ラミダス猿人）**と命名したのです。

その後さらなる発掘調査により全身骨格の復元も可能となり、その化石には「アルディ」という愛称が付けられました。アルディの身長は120センチメートル、体重は50キログラムで、脳の容量は最大で500立方センチメートル前後と見積もられています。

アルディの身体には、樹上生活者としての特徴と地上生活者としての特徴が複雑に入り混じっていると考えられています。たとえば腕が長く、足が平たく親指が離れているなどの点は樹上生活に適していますが、脊髄が脳につながる部分に位置する大後頭孔（だいこうとうこう）が前寄りにあること、骨盤と大腿骨がつながっている部分や腰の骨と脊椎との関係などは、直立二足歩行に適応した形をしているとされています。

アルディが発見されるまでは、樹上生活者であった人類が開けたサバンナに出て初めて、直立二足歩行の地上生活者へと段階的かつ直線的に進化をしていったと考えられていました。それがこの発見によって疑問がもたれるようになったのです。またアルディが発掘されたのと同じ地層で発見される他の動物の骨から、アルディは熱帯雨林に生息していたと考えられています。こうした点からも、**初期の人類は森のなかで生活していたときには、すでに二足歩行を実現していた**ということになります。

ではどのように人類は二足歩行を始めたのでしょうか。さまざまな学説が提唱されていますが、ここでは少しロマンチックな説を紹介しましょう。「**食糧供給仮説**」です。

アルディの犬歯は現生のヒトと同じように縮小していました。チンパンジーのオスは鋭くとがった犬歯を武器として争います。そして勝ったオスがメスを獲得することで、繁殖に成功します。しかし、アルディは犬歯が小さいため、そのような争いはなかったようです。その代わりに特定のオスが特定のメスに食べ物をプレゼントすることで、そのメスが交尾を受け入れる、**つまり優しくて甲斐性のあるオスがモテるという社会システムに移行した**と考える研究者がいるのです。

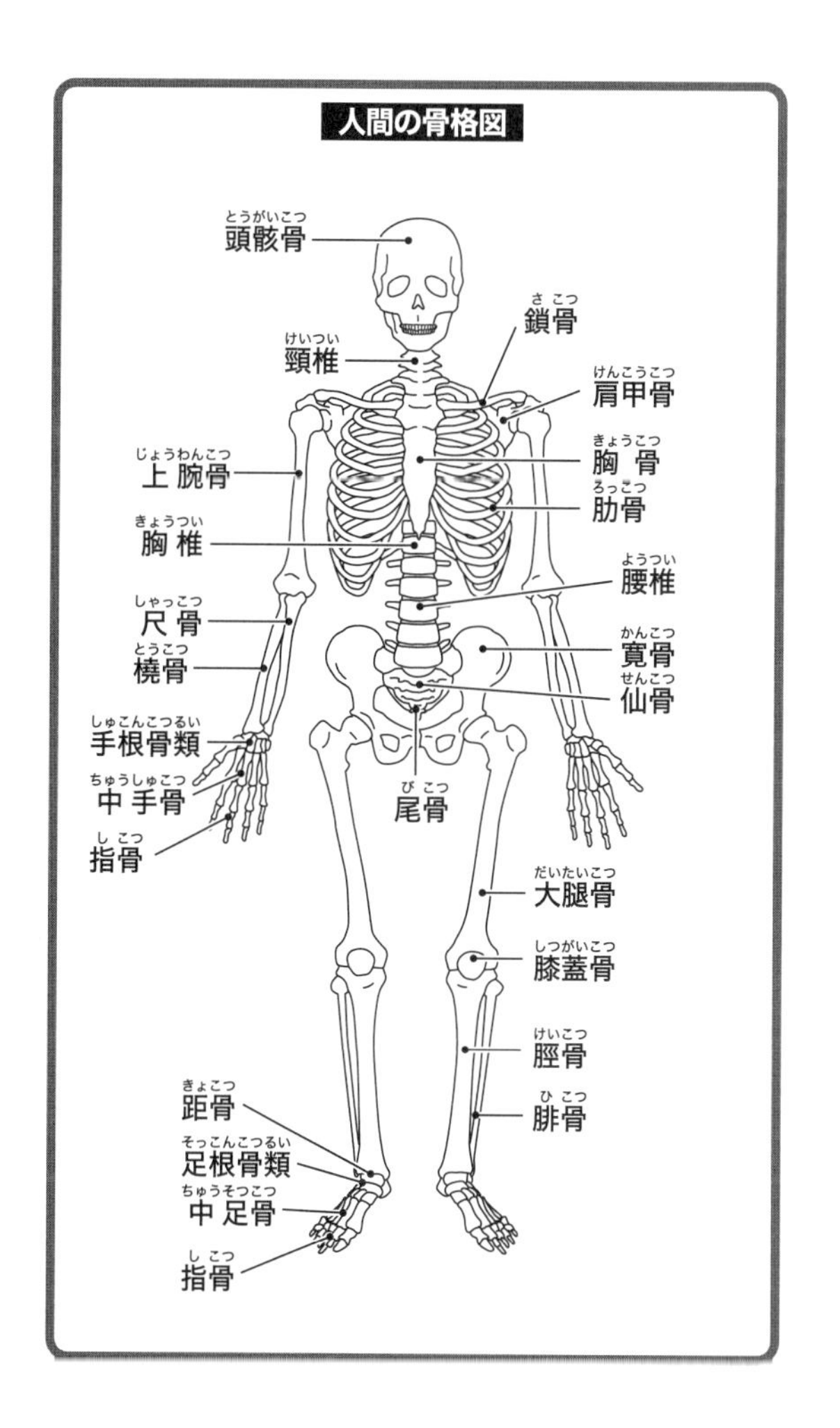
人間の骨格図
とうがいこつ
頭骸骨
さこつ
鎖骨
けいつい
頸椎
けんこうこつ
肩甲骨
じょうわんこつ
上腕骨
きょうこつ
胸骨
ろっこつ
肋骨
きょうつい
胸椎
ようつい
腰椎
しゃっこつ
尺骨
とうこつ
橈骨
かんこつ
寛骨
せんこつ
仙骨
しゅこんこつるい
手根骨類
ちゅうしゅこつ
中手骨
びこつ
尾骨
しこつ
指骨
だいたいこつ
大腿骨
しつがいこつ
膝蓋骨
けいこつ
脛骨
きょこつ
距骨
ひこつ
腓骨
そっこんこつるい
足根骨類
ちゅうそつこつ
中足骨
しこつ
指骨

彼らはより多くの食料を求めて、ときには森を出てサバンナを開拓しました。オスはより多くの食べ物をメスのもとにもって帰るために、前肢を自由にして後肢だけで歩くものが現れたのでしょう。このような特質をもったオスはメスを獲得しやすく、それだけ子孫を残しやすい。だからこそヒトの祖先は直立歩行が一般化した。これが食糧供給仮説です。

とはいえあくまで仮説。なぜ直立歩行を行ったかはいまだ謎に包まれたままなのです。

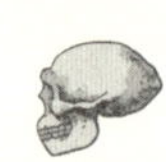

07 確実に二足歩行を行っていたアウストラロピテクス

先ほど紹介した最初期の猿人であるアルディピテクス・ラミダスは440万年前に出現し、エチオピア中部のアワシュ川中流域に生息していました。しかしほどなくして化石記録から姿を消してしまいます。

その後の**420万年前、同地域にはアウストラロピテクス・アナメンシスが**

登場します。ラミダス猿人よりも南方に活動範囲を広げたと考えられています。

猿人は進化を重ねるごとに犬歯が縮小し、臼歯が大きくなると推定されています。アナメンシスはのちに登場するアウストラロピテクス・アファレンシスよりは犬歯が大きく、ラミダス猿人よりは臼歯が大きいことがわかりました。そのためアナメンシスはラミダス猿人とアファレンシスとの中間に当たる形態をしているということになります。

そんなアウストラロピテクス・アナメンシスの足取りが途絶える390万年前頃、その系統を引き継ぐように登場するのがアウストラロピテクス・アファレンシスです。その最初の化石は1974年に発見されました。**世界で一番有名な人類化石とも呼ばれ「ルーシー」と愛称が付けられているものです**。

ルーシーは全身の40パーセント相当の化石が発見され、世界的な注目を集めました。骨盤の形などから女性であると推定され、身長は105センチメートル。脳の容量はチンパンジーと大差ありませんでした。また骨格から二足歩行を行っていたことは確実視されています。それはなぜでしょう。

さて、突然ですが私たちの足の裏をよく観察してみましょう。かかとが発達し、地面に接することのない土踏まずがあるのがわかると思います。この土踏まずが足の裏でアーチをつくり、体重がかかととつま先に等しくかかることで、長い距離を移動しても疲れにくくなったのです。土踏まずがない扁平足の人は、足の裏の血管や神経が押しつぶされて足が痛くなったり疲れやすくなったりすることを想像すれば、わかりやすいと思います。

土踏まずは樹上生活をするサルにはありません。ラミダス猿人にもありません。しかし**ルーシーにはあったのです**。これによりアウストラロピテクス・アファレンシスは直立二足歩行に適応したと考えられています。

しかしその後に発見されたセラムと名付けられたアファレンシスの化石の研究などから、アファレンシスは上半身、とくに肩に樹上生活をしていた頃の特徴が色濃く残っていることがわかりました。そのため人類の二足歩行への適応は下半身から起こり、じょじょに腕や肩などに波及していったと考えられているのです。

アファレンシスは人類で最初に家族を形成していた種だと考える研究者もいます。ルーシーが発掘された場所の近くで、成体の骨格13体分の骨を含む大量

ルーシー（アウストラロピテクス・アファレンシス）の化石

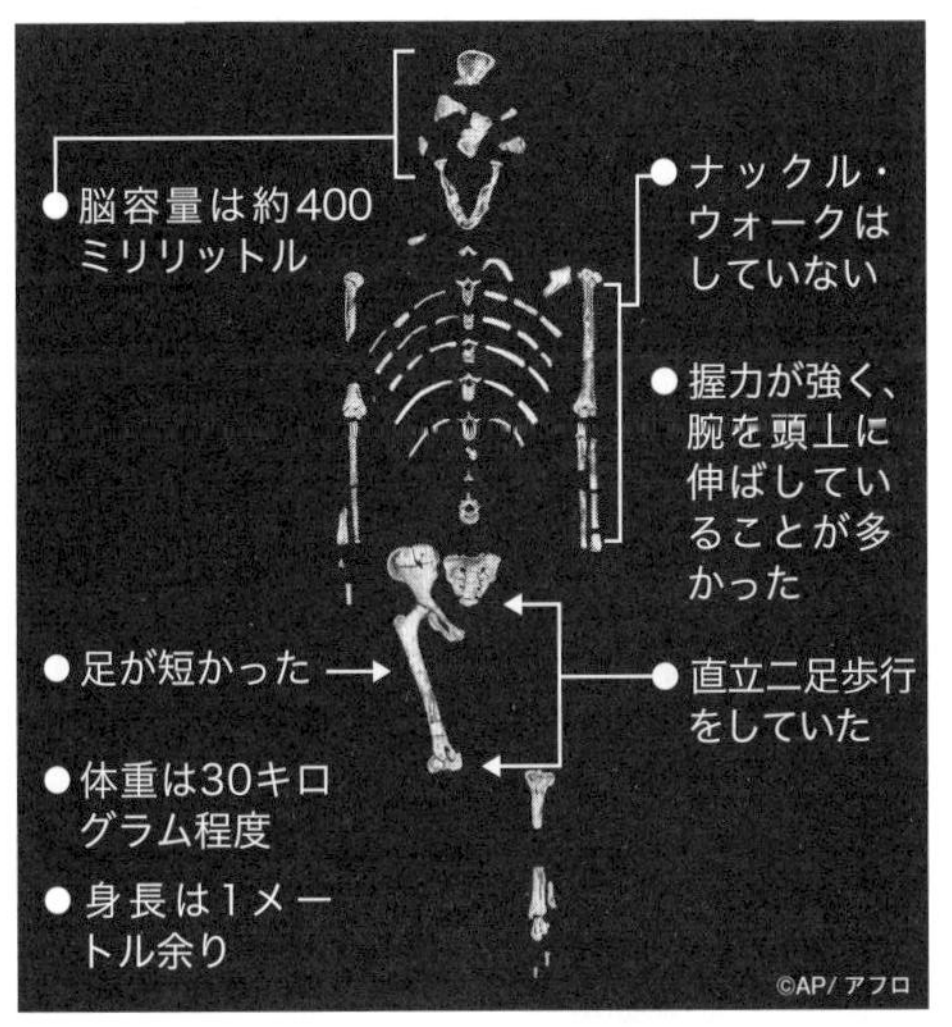

ルーシーの発見は、人類学における「20世紀最大の発見」とする専門家もいるほど。

ルーシーの復元模型。国立科学博物館の展示より。

©Momotarou2012

の化石が密集して発見されました。これは集団で生活していたアファレンシスが、洪水などの影響で同時に死亡した結果ではないかと推察されています。またタンザニアでは、アファレンシスのものと見られる複数の足跡が発見されています。足跡の形や向きなどから集団で生活をしていたことが推察され、大柄な男性と女性、そして子どもで構成されていたと発見した研究者は考えているようです。家族というものが生活形態として定着しているのも、ヒトの大きな特徴です。この仮説が本当なら、人類の進化のなかでどのように家族制度が成立していったかをうかがい知る重要な具体例といえそうです。

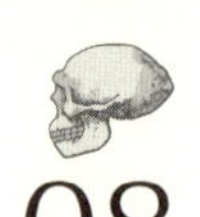

08 330万年前に始まった石器の使用と脳の肥大

現在、最初のホモ属とされているのはホモ・ハビリスです。ホモ属は現代人を含むグループですから、彼らが私たち人類の一番最初の祖先だと考えることもできます。彼らは200万年前に生息していたと考えられています。しかし、猿人が脳を肥大化させ、原人への進化が始まったと考えられているのはおよそ２５０万年前。また、アフリカで発見された最古の石器がつくられたのはおよそ３３０万年前とされています。

　この事実から、ホモ・ハビリスたちが登場するはるか昔に、他のアウストラロピテクスから分岐して、現生人類へと歩み始めた初期ホモ属がいたのではないかと考えることもできます。とくに**石器の使用は、直立二足歩行と並んでヒトの重要な特性**です。どの種が石器を使い始めたのかが特定できれば、ホモ属の直系の祖先が明らかになるかもしれません。

　最古の石器はケニアで見つかりました。東アフリカの他の地域でも同型の石器が多く見つかっており、それらは、２４０～１７０万年前のものとされています。南アフリカで発見されたものは２００万年前のものです。こうした最古の石器はオルドワン石器と呼ばれており、小さくて鋭い欠片と、その欠片を剥がすための石核などが含まれています。

　石核を叩いて剥離させた欠片は木を加工したり、動物の死骸から肉を切り取ったりするのに役立つことが確認されています。実際に石器が発見された場所ではすぐ近くに、石器によって肉を剥がした傷が残っている動物の骨が発見されることもあります。

しかしどの種が一番最初に石器をつくり、活用したのかは明らかになっていません。この頃の東アフリカにはさまざまな猿人たちが同時に生息しており、特定することは難しいのです。

いずれにせよ、**人類は石器を使うことによって、肉食の質を飛躍的に高めたことは確か**です。肉や皮をすばやく剥ぎ、動物の死肉を比較的安全に摂取することもできたでしょう。また、肉を石器で叩いてやわらかくすることで、咀嚼にかかる時間を減らし、短時間で大量のカロリーを摂取できるようになったはずです。実際、石器を使うようになってから、**脳が少しずつ肥大化していく傾向に進んでいます**。石器の使用による肉食の効率化が、大きな脳を支えるエネルギーを生み出したのかもしれません。

もう一つ脳の肥大化に関しておもしろい説があります。ヒトの脳が大きくなったのは顎の筋肉が弱くなったからというものです。アメリカの研究チームが顎の筋肉をつくり出す遺伝子を調べたところ、チンパンジーやイヌなどでは正常

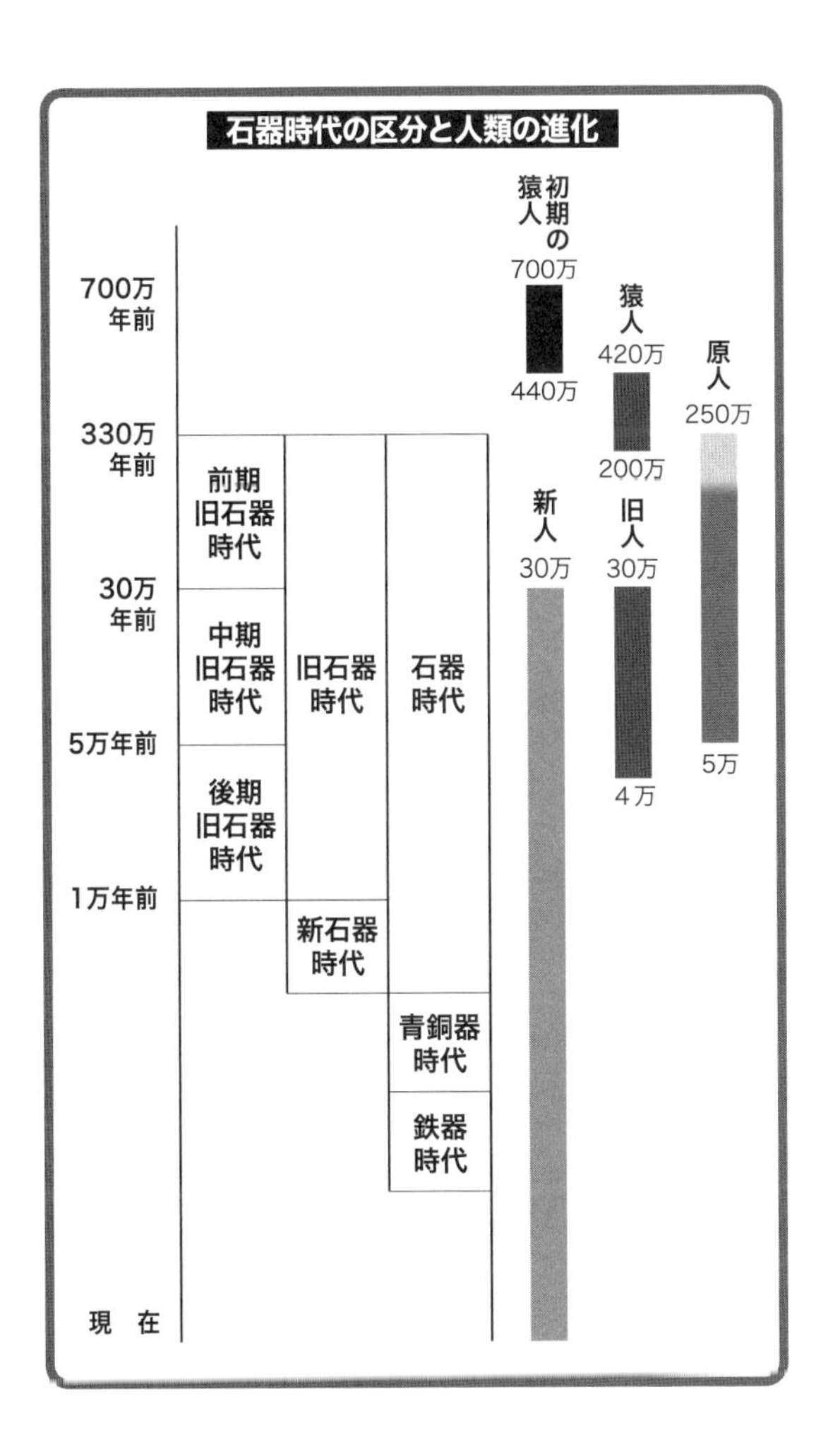
石器時代の区分と人類の進化
700万年前
330万年前
30万年前
5万年前
1万年前
現　在
前期旧石器時代
中期旧石器時代
後期旧石器時代
旧石器時代
新石器時代
石器時代
青銅器時代
鉄器時代
初期の猿人
700万
440万
猿人
420万
200万
原人
250万
5万
新人
30万
旧人
30万
4万

に働いている遺伝子がヒトでは働いていないことがわかりました。顎の筋肉をつくるミオシンというタンパク質の生成に関わる遺伝子です。ヒトはこの遺伝子が突然変異によって機能しなくなっており、顎の力が弱くなっているのです。類人猿ではこの遺伝子が働いて顎の筋肉が頭の骨全体を包み込んでいます。そのことで強力な力を生み出しています。

この変異が起こったのは、およそ240万年前と研究者は推測しており、人類の脳が肥大化を始めた時期とおおむね一致しています。顎の筋肉に覆われていた頭骨が開放されることで脳を大きくすることができたのではないか、と研究チームは考えているようです。ただ、この突然変異が起こった時期が正確なものとはいえず、この説には反対する研究者も多くいます。そのため定説として受け入れられているわけではありません。

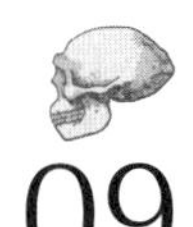

09 人類最大の発明ともいわれる火の使用は料理の起源

　昨日食べたものを思い浮かべてみてください。朝、昼、晩のメニューでは生野菜や刺身をのぞいて、ほとんどの食品に火が通っていたのではないでしょうか？　**人類は火を手に入れることで初めて、食材を調理することを学びました。**

　考古学的に火の使用を示す最古の遺跡とされているのは、イスラエルにあるゲシャー・ベノット・ヤーコヴです。ここからは手斧と骨、焼けた木片や種、火打ち石などが発掘されました。火打ち石はいくつかの場所でまとまって発見されたことから、たき火を行っていたのではないかと推定されています。これは約80万年前のものです。

　さらに、アフリカで150万年前の地層からホモ・エレクトスの化石とともに、火によって変色したと見られる土壌が発見されています。そのため火の使用は150万年前までさかのぼるという説もあります。ただし意図的な火の使用なのか落雷などの自然現象によるものなのか区別がつかず、確証は得られていません。

最も確実とされる炉の跡が見つかっているのは、フランスのテラ・アマタ遺跡です。こちらは、40万年から35万年前のものとされています。つまり**人類は早ければ150万年前から、遅くとも35万年前には火を使用していた**ということになります。

ヒトの祖先たちは、調理をすることによって、食べ物の安全性を高め、食欲をそそる豊かな味を生み出し、食材の腐敗を減らしました。また熱することで硬い食材を開き、切り、すりつぶすことが可能になります。つまり、それまでは硬すぎて食べることができなかった食品や、腐りかけの食品を、手軽に摂取することができるようになったのです。

もう一つの重要な点は、料理をすることで**食品から摂取できるエネルギーの量が増える**ことです。生の食品に比べると、加熱され調理された食品の消化効率は高くなることがわかっています。

たとえばジャガイモに含まれるデンプン質は、加熱された場合は小腸での吸

火の使用が人類に与えた影響

①食材を調理できるようになった

→食材の安全性を高める
→味が豊かになる
→腐敗を防げる
→硬い食材をやわらかくする

消化効率がよくなる

摂取エネルギー量が増える

胃腸が小さくなる

②暗闇のなかでも活動できるようになった

③動物を脅して身を守れるようになった

④体を温めることができるようになった

洞窟に住めるようになった

火の使用は、石器に次ぐ「第二の技術革命」。人類の進化と個体数の増加を促した

収率が95パーセント以上ですが、加熱していないと51パーセントにとどまるのです。肉や卵などの動物性タンパク質についても同じで、加熱されたもののほうが消化効率は大きく高まります。

生のナッツや葉などの植物性の食品を消化するには、大きな胃と腸が必要です。また消化には時間がかかり、多くのエネルギーも必要です。しかし調理により食べられる食料が増えたことや、少しの食べ物から多くのエネルギーを摂取できるようになったこと、また消化にかかる時間が短くなったことで、人間の身体に大きな変化が現れました。

胃腸が小さくなったのです。そのため本来胃腸で使われるはずだったエネルギーは脳に向かい、脳が肥大化し、さらなる進歩を遂げることになりました。

しかし脳の肥大化はあらたな問題ももたらしました。難産化です。二足歩行によって骨盤の形が変わり、脳が肥大化し頭が大きくなった新生児にとって産道が大変狭くなってしまいました。そのため人間の子どもは、ゴリラやチンパンジーに比べるとはるかに未熟な状態で生まれざるをえなくなったのです。

しかし火の使用により、暗闇のなかでも活動できるようになり、これまでは猛獣の住みかだった洞窟などで、安全に夜を明かすことができるようになりました。暖をとる手段を得たことで、ヨーロッパなど寒冷な地域にも進出していったと考える研究者もいます。

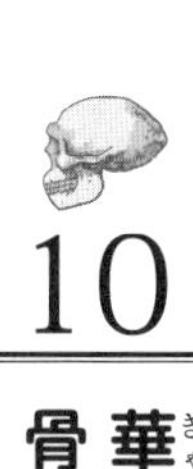

10 華奢型と頑丈型 骨格から見る食性の違い

初期のホモ属が出現し、脳の肥大化が始まったと予想されるのが240万年前頃。同じ頃まったく別の系統で進化した種がいました。**頑丈型猿人とも呼ばれるアウストラロピテクス・ロブストスやパラントロプス**です。彼らはとても大きな歯と頑丈な顎をもっていたので、硬いナッツを殻ごとかみ砕いたり、樹皮や種の多い果実を難なく食することができたでしょう。しかし、こうした食べ物は咀嚼と消化に長い時間とエネルギーが必要です。そのせいで、この種は脳を肥大化させることができなかったといわれています。頑丈型は100万年ほど前まで生存し、我々の祖先とアフリカで共存していました。

パラントロプスの頭骨

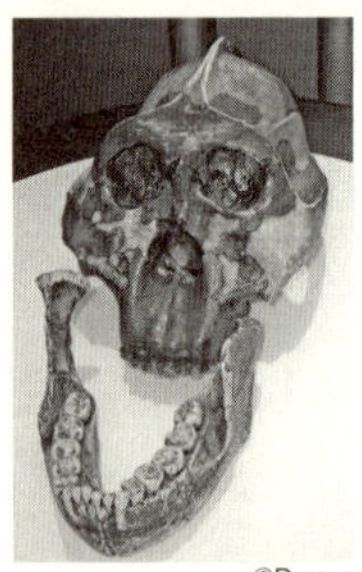

写真はレプリカ。顎と臼歯が大きい。頭頂部にあるトサカのような出っ張りが特徴的。

頑丈型と華奢型との比較

頑丈型猿人

- 大きな歯と頑丈な顎をもつ
- 樹皮や種の多い果実を食べていた
- 胃が大きく、腸が長い

華奢型猿人

- 咀嚼力が弱い
- 動物の肉を食べていた
- 植物性の食べ物も摂取していた
- 臼歯が小さい

他方で、アウストラロピテクスには華奢なタイプも生まれました。また、私たち現生人類につながる初期のホモ属であるとされるホモ・ハビリスも、身体が頑丈型猿人に比べると華奢でした。咀嚼する力が弱い彼らは、ナッツや樹皮よりも**肉がもたらすタンパク質を好んでいた**と考えられています。

最古の肉食の証拠は、エチオピアの約250万年前の地層から出土しました。ウシ科の動物のすねや下顎の骨に、石器で肉をこそげ取った跡や骨を砕いてなかの骨髄を食べていたと考えられる跡が残っていたのです。200万年前頃の地層からは、ホモ・ハビリスが付けたとされる傷付いた動物の骨が出土しています。カメやゾウなど死んだ動物から石器によって肉を削り取った傷です。

また初期のホモ属は、植物性の食べ物も多く摂っていたとされています。ホモ・ハビリスの臼歯の大きさは、華奢型のアウストラロピテクスの臼歯とそれほど変わりません。そのため、根や球根のような植物性の食べ物を生で摂取していたことも考えられます。

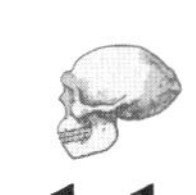

11 最古のホモ属、ホモ・ハビリスとホモ・エルガステル

現在確認されているなかで最も古いホモ属とされているのは、ホモ・ハビリスです。約200万年前に生きていたと考えられています。発見されたのは1960年、タンザニアのオルドヴァイ渓谷でした。

発見者であるリーキー夫妻は、発見した頭骨の破片からアウストラロピテクスよりも大きな脳をもつと考え、この化石を最古のホモ属だと主張しました。加えてアウストラロピテクスと比べると、頭骨は丸みを帯びて、歯は小さく、エナメル質は薄く、また咀嚼筋のサイズは小さいなど、現生人類に近い特徴をもっているとも主張しました。オルドヴァイ渓谷近辺の古い地層から発見される人類最古の石器のつくり手こそ、彼らだという考えから、夫妻はこの化石を**ホモ・ハビリス**（＝器用な人）と名付けました。

ホモ・ハビリスはアウストラロピテクスから進化したもので、歯や顎を丈夫にすることではなく、**脳が肥大化し知能が向上したことで、環境への適応を果たした**と見られます。手は現代人のように親指が発達し、他の指との間でしっかりと物をつかむことができます。石器を使用すれば動物の死肉を容易に切り取り、やわらかい肉にありつけたことでしょう。

オルドヴァイ渓谷周辺ではホモ・ハビリスと見られる化石が複数見つかっていますが、頭骨、下顎、歯の形の違いが単一の種にしては大きすぎるのではないか、という意見があります。そのため脳の容量がとくに大きいホモ・ハビリスを、ホモ・ルドルフェンシスという別種と考える研究者もいます。ホモ・ル

ホモ・ハビリスの想像図

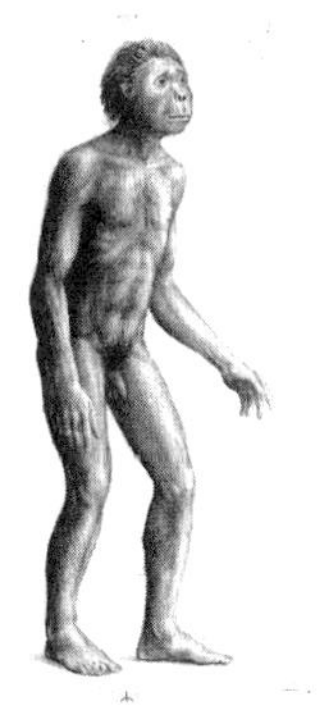

©TopFoto/アフロ

**トゥルカナ・ボーイ
（ホモ・エルガステル）の復元模型**

©Photaro

国立科学博物館の展示より。

ドルフェンシスは臼歯の大きさも異なるため、ホモ・ハビリスとは食性も異なると推察されています。

しかしこれらの特徴をもってしても、アウストラロピテクスとは別種のホモ属の化石だとはっきりと主張するには、根拠が脆弱でした。脳の容量は大きいといってもアウストラロピテクスの1・5倍ほどで、現生人類の半分程度しかありません。そのため、ホモ・ハビリスが本当にホモ属で、現生人類の祖先に当たるのかは今も議論が続いています。

ホモ・ハビリスよりも現生人類に近い特徴をもった最初の人類は、180万年ほど前には生息していたホモ・エルガステルと呼ばれる種で、**原人と呼ばれる段階の人類**です。原人は顎と歯は体のサイズのわりに猿人たちよりも小さく、それ以前の人類とは違い、やわらかい食べ物を中心に食していた、あるいは調理により食べ物をやわらかく加工することができたと考えられています。

ホモ・エルガステルの化石として有名なのは、約160万年前のものと見られる**トゥルカナ・ボーイと呼ばれる少年の化石**です。ほぼ全身の骨格が発見され、脚が長く、背もすらりと高く、肩も狭いなど、かなり現代人に近い骨格を有していることがわかりました。

ホモ・エルガステルから進化したと考えられているのが、ホモ・エレクトスです。ジャワ原人、北京原人だといえば、聞いたことがあるのではないでしょうか。彼らも原人の仲間です。アフリカを出た原人は１８０万年前頃まで5万年前頃までジャワ、北京などのアジア、中東やヨーロッパの各地に生息していたと考えられています。脳の容量は最終的には現代人の75パーセントほどまで大きくなっていきます。

ホモ・エレクトスの手先が器用だったことを示す化石の証拠はありませんが、ハンドアックス（手斧）など、これまで見られなかったような高度な石器が発見されています。そのことからも、手先をうまく使うことができたのでしょう。

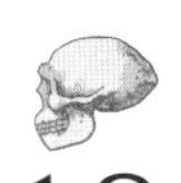

12 新発見のホモ・ナレディは意外にも南アフリカから

現生人類であるホモ・サピエンスへとつながる種を含むホモ属が出現し、進

ホモ・ナレディの異なる二つの特徴

ヒト属に近い特徴

- 現代人に近い形の頭骨
- 手のひら、手首、親指の形
- 足の骨が長く、細い
- 足の筋肉が付着する点が強い
- 現代人の足とほとんど同じ形で土踏まずがある

猿人に近い特徴

- 脳容積は現代人の半分以下
- 肩が樹上生活に適した位置にある
- 骨盤が張り出している
- 骨盤の前後ろ方向の長さが短い
- 手の指が長く、曲がっている

化を続けた経緯の研究は、これまでサハラ砂漠以南の東アフリカが中心でした。しかし2013年に新たに発見されたホモ・ナレディというホモ属の新種は、東アフリカ中心の考えを覆すかもしれません。ホモ・ナレディが発見されたのは、南アフリカにあるライジング・スター洞窟です。洞窟の奥には一面に化石が転がっている空間があり、たったの一平方メートルほどの範囲から出土した化石の数は、全身骨格も含めて1500点以上。まだ多くが残っていると見られています。

発掘されたホモ・ナレディはホモ

属にも、それ以前のアウストラロピテクス属にも近い特徴を数多くもっていました。たとえば頭骨の形はかなり現代的だったのですが、脳の容量は現代人の半分程度。とくに肩や骨盤などの腰を境にした上半分は非常に原始的で、長い脚、土踏まずなどは現代人のようでした。こうした特徴から、発掘チームの古人類学者リー・バーガーは、**アウストラロピテクスからホモ属への進化の過渡期に位置する種**だと主張しています。もしこの説が正しいとすれば東アフリカでなく、南アフリカで初期のホモ属が誕生したことになるかもしれません。

ホモ・ナレディが発掘されたのは洞窟のなかです。化石の多くがそのまま転がっているか、少し埋まっているだけでした。そのため、彼らがいつ生息していたのか、年代を特定するのが非常に困難でした。当初は体の原始的な特徴から、かなり古い時代の人類だと考えられていましたが、その後の調査で33万5000～23万6000年前のものとわかりました。彼らはホモ・サピエンスに至る進化の枝から外れて、まったく別の進化を遂げた種のようです。

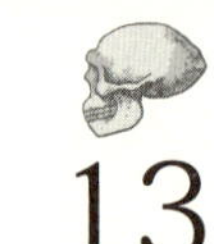

13 人類初の出アフリカ 各地に広がる原人たち

59ページで、ホモ・エレクトスは世界の各地に広がっていったと述べました。アフリカで進化した彼らが**人類最初の「出アフリカ」を成し遂げたのは、およそ180万年前**のことではないかと考えられています。アフリカ以外で最も古い人類の化石が見つかっているのが、ジョージア（旧グルジア）のドマニシ遺跡であり、およそ180万年前のものとされているからです。

ホモ・エレクトスは意図をもって新境地を開拓していったわけではなかったようです。食用となる動植物を求めて活動を続けているうちに、たまたまアフリカから出る集団がいたという程度のものだと考えられています。

それまでの人類ができなかった出アフリカを達成できたのは、石器と肉食のおかげだったと考える研究者もいます。また当時は現在のようにサハラ砂漠が発達しておらず、北上する原人を遮る地理的な障害壁はなかったのでしょう。

ドマニシ遺跡、アファール地方の場所

ドマニシ遺跡
アフリカと違って寒冷なこの地では、肉食が生存に必要だったとされる。

アファール地方
この近辺では、アウストラロピテクス・アファレンシスの「ルーシー」をはじめ、初期人類の化石が多数発掘されている。

アフリカに残ったホモ・エルガステルたちはホモ・ハイデルベルゲンシスに進化し、現生人類に近づいていきました。それと並行して、アフリカを出ていった人類も各地で独自の進化を遂げていくことになります。それぞれの地域で微妙に顔つきや骨格が異なり、気候などの環境に適応していったと考えられています。

ただし石器など技術面での目立った進歩は見られません。おおむねアフリカを出発した当時と同じ、最初期の単純な石器を使用していたと考えられています。石器が大きく進化するのは、のちに説明するネアンデルタール人やホモ・サピエンスの出現まで待たねばなりません。

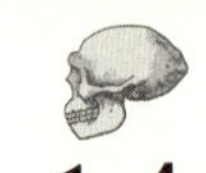

14 ジャワ原人に北京原人 各地で発見される原人たち

前項では、アフリカを出立したホモ・エレクトスたちが各地で独自の進化を遂げていったことを説明しました。ここでは代表的な原人たちを紹介していきます。

1940年までに、のちにホモ・エレクトスに分類される化石が相次いで発見されました。ジャワ原人と北京原人です。その化石のなかでも**最初に発見されたのは、ジャワ原人**です。なんと19世紀末に発見されました。ジャワ原人の最古の化石の年代は、古く見積もる研究では150万年ほど前であるとされています。そこから、ジョージアに180万年前に進出した人類が、そのまま進出したと考える研究者もいます。

中国では化石になった骨が、漢方薬として「竜骨」の名前で売られていました。

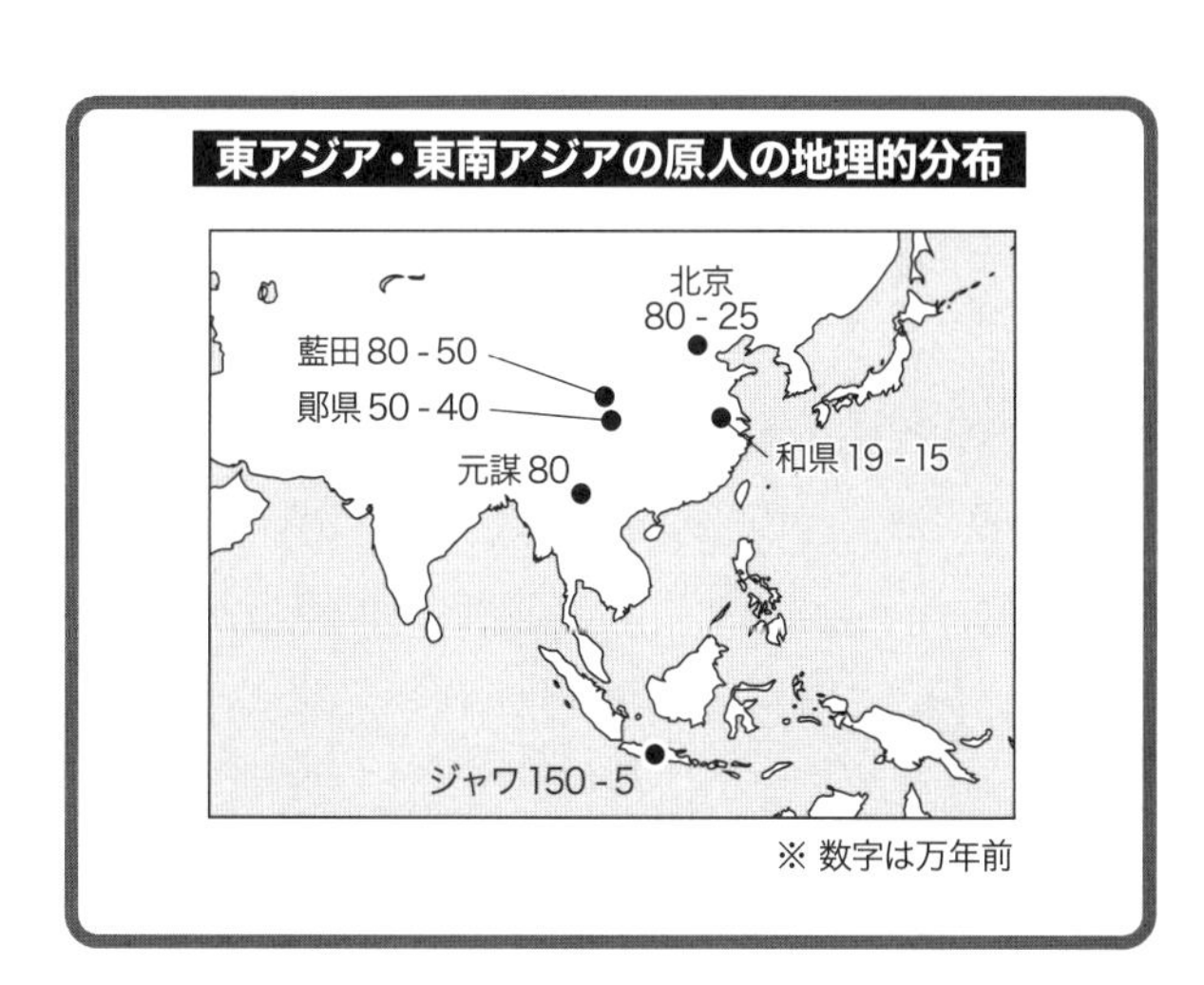

北京郊外にある周口店にある竜骨山では、漢方用の化石がよく見つかることで有名でしたが、その地で人類の臼歯の化石も発見されたのです。そこで本格的な調査がなされ、北京原人の発見につながりました。その後も中国各地で化石が見つかり、**原人が生息していたのは80万年前から25万年前である**ことがわかっています。

北京原人は火を利用したことで有名でした。しかし、炉の跡が発見されていないため、現在では本当に火が使用されていたのかは疑わしいとされています。

ヨーロッパにいつ頃から原人が住んでいたのかは、いまだに定かではありません。しかし少なくとも100万年前には住んでいたようです。北スペインの洞窟からはヨーロッパ最古の原人と考えられるホモ・アンテセッソールの化石が発見されています。そこから南ヨーロッパにも、およそ80万年前には原人が住みついていたことが明らかになっています。

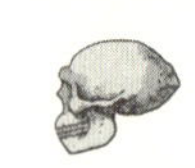

15 現生人類に最も近い親戚 ネアンデルタール人

ホモ・ネアンデルターレンシス（ネアンデルタール人）といえば、人類学に詳しくない人でも一度は聞いたことがある名前でしょう。現代人の祖先とされたホモ属で最初に見つかった化石であり、発見されるのがヨーロッパ中心なので、知名度も高いのです。

彼らは約30万年前から4万年前ほどまで、ヨーロッパや中東で暮らしていました。ネアンデルタール人は初期猿人、猿人、原人、旧人、新人という区分のうち、旧人の段階に位置付けられていました。だからといって、現生人類であるホモ・サピエンスの祖先というわけではありません。共通の祖先であるホモ・ハイデルベルゲンシスから枝分かれして進化したと考えられていましたが、最近では後に説明するデニソワ人の発見などによって、系統関係はわからなくなっています。

その名前は、ドイツのネアンデル渓谷（タール）にある洞窟から1856年に化石が発掘されたことに由来します。発掘当初は、骨格が変形するほどの重篤な病気にかかった現代人だと考える人もいました。

その後、発掘される化石の数が増えるに従って、どうやら絶滅した別の人類の化石らしい、ということが明らかになってきました。**彼らの化石はアフリカからは出土していません**。そのことから、ヨーロッパに広がっていたホモ・ハイデルベルゲンシスなどの原人から進化したと考えられてきました。体格は現代人とほぼ変わりません。脳容量は1500立方センチメートルほどで、現代人よりもやや大きいくらいです。当時のヨーロッパは氷期と呼ばれる寒冷な気候で、ネアンデルタール人はその寒さに適応した結果、私たちとはやや異なる

ネアンデルタール人に見られる高度な行動

習慣	広く見られる	一部に見られる
顔料の使用	○	
装身具		○
細石器		○
骨製の道具		○
石刃		○
海の幸を利用		○
鳥の狩猟		○

ネアンデルタール人の復元模型

国立科学博物館の展示より。

体格になったと考えられています。

とくに10万年前～絶滅までの後期ネアンデルタール人は鼻が大きく、鼻腔が広くなっていました。これは肺に入るまでに空気を温める寒冷適応だとされています。寒冷地に棲むユキヒョウなどの動物にも見られる特徴です。その他にも、小さくずんぐりした体型なども、特徴的な点の一つに数えられています。

以前、ネアンデルタール人の知能は低く、野蛮な原始人というイメージをもたれていました。しかし現在では、それは誤った認識だとされています。現生人類より大きな脳をもっていることもさることながら、考古学的な証拠からも**彼らは巧みに石器をつくり、用途に応じて使い分けていたと考えられているからです**。

またイラクのシャニダール洞窟で発掘された中年男性の化石は、隻眼・隻腕であったことがわかりましたが、それが彼の死因ではないことも判明しました。当時としては比較的高齢と考えられる彼がハンディキャップを抱えながら生きてこれたのは、仲間が食料を提供するなど、助け合いや介護の精神が存在していたからだと考えられています。

さらにネアンデルタール人は、**死者を埋葬する習慣をもっていた**と考える研究者も数多くいます。意図的に埋葬されたものも多く、完全な骨格が他の化石人類よりも豊富に見つかっているからです。また副葬品と思われるようなものと一緒に埋められた化石もあることから、埋葬にあたり儀式的な弔いがあったかもしれません。

ネアンデルタール人が芸術への関心をもっていたことを示唆する化石も発掘され始めています。確かなことはまだわかりませんが、原始的なペンダントや顔料などが付着したと思われる骨片などが見つかっているのです。ＤＮＡ解析により現生人類との交雑も確認され、ますます研究の重要度が増しています。

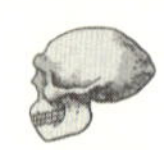

16 世界各地に数多くいた私たち現生人類の親戚

これまでの人類学では、人類は猿人から原人へ、原人から旧人へ、旧人から新人へと段階的に進化したと考えられてきました。それぞれの生息していた時

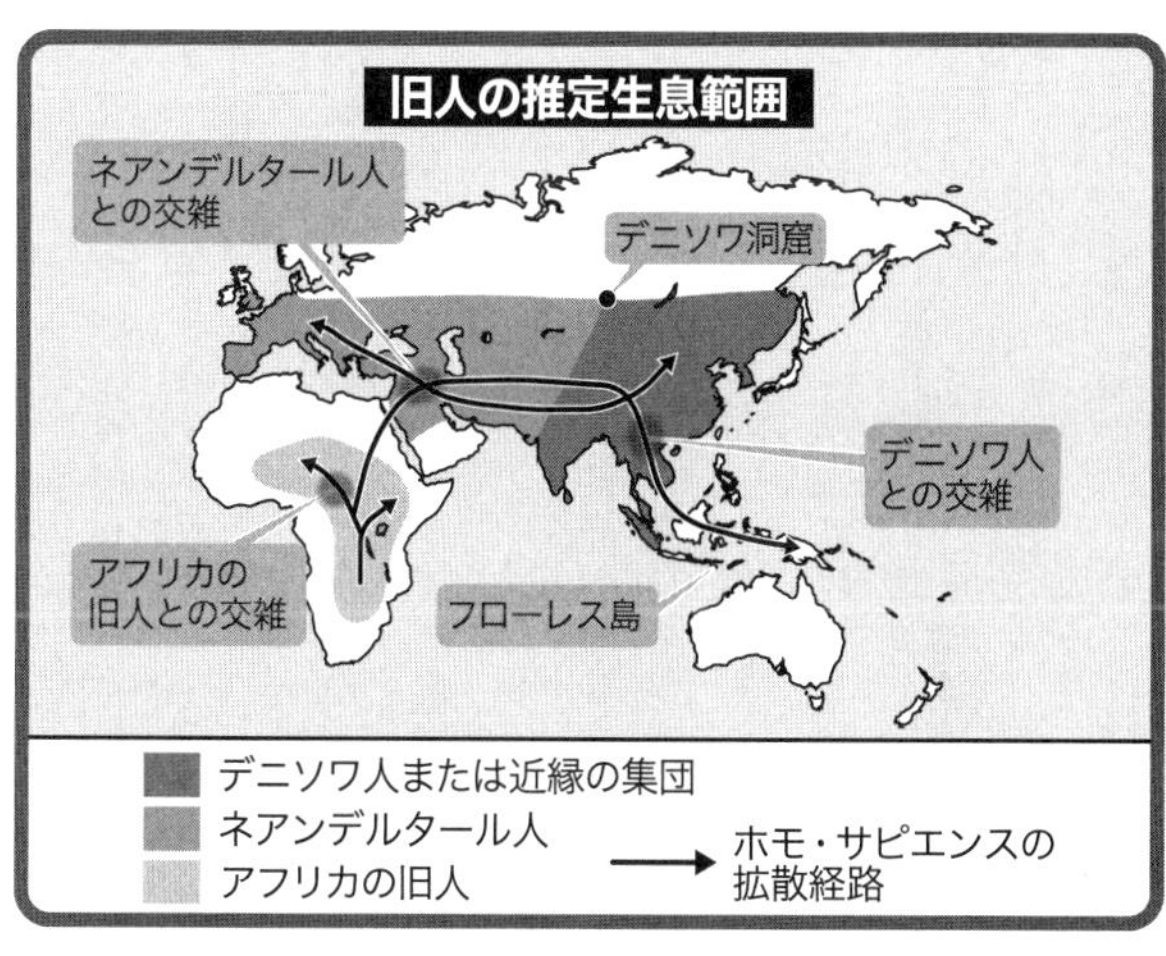

代は重なり合うことはなく、進化していく過程で、古いものは順番に滅びていったとされてきたのです。

しかし最近では、**人類の進化は、従来考えられていたよりもはるかに複雑な過程をたどっていたと考えられています**。枝分かれをくり返し、それ以上に進化をすることなく滅びていった種が多くいることがわかってきたのです。また、ホモ・サピエンス誕生以降は、ホモ・サピエンスだけが地球上に存在する人類であったという認識も誤りであることが明らかになっています。

旧人の代表であるネアンデルター

ル人はホモ・サピエンスが世界中に散らばった後も、少なくとも数千年はヨーロッパで一緒に暮らしていました。また、インドネシア・フローレス島のホモ・フロレシエンス、中央アジア・アルタイ地方のデニソワ人なども5万年ほど前まで生息していたことが判明しています。じつは**ホモ・サピエンスが誕生してからかなりの期間、地球上のいくつかの地域で親戚が生存していた**のです。

とくにデニソワ人が生息していたと考えられる中央アジアでは、5万年前頃までに、デニソワ人、ネアンデルタール人、現生人類という3種類の異なる人類が共存していた可能性があります。最近では、ネアンデルタール人とデニソワ人の混血の証拠も見つかっています。

のちの項目で詳しく述べますが、DNAの解析からホモ・サピエンスとその他の近縁種との交雑があったことも明らかになっています。現生人類誕生のシナリオは複雑さを増すばかりです。

17 対立する「多地域進化説」と「アフリカ起源説」

20世紀末頃までは、**原人が各地に進出していき、各地で独自に新人に進化したと考えられていました。**ヨーロッパではネアンデルタール人が、中国では北京原人がそれぞれ現代人に進化したというものです。これが「多地域進化説」です。

しかし、その後ホモ・サピエンスはアフリカで生まれ、世界中に広がったという学説が提唱されます。80年代に化石人骨の再検討が行われたこともきっかけの一つで、エチオピアで見つかっていた現代人的な特徴をもつ化石は、それまで12万年前のものとされていました。しかし、再測定の結果、19万年前のものである可能性が指摘されました。そして決定的な結論はDNA分析から生まれました。ミトコンドリアDNAの解析研究もこれを支持したのです。

この新人の「アフリカ起源説」は**アフリカで現生人類であるホモ・サピエン**

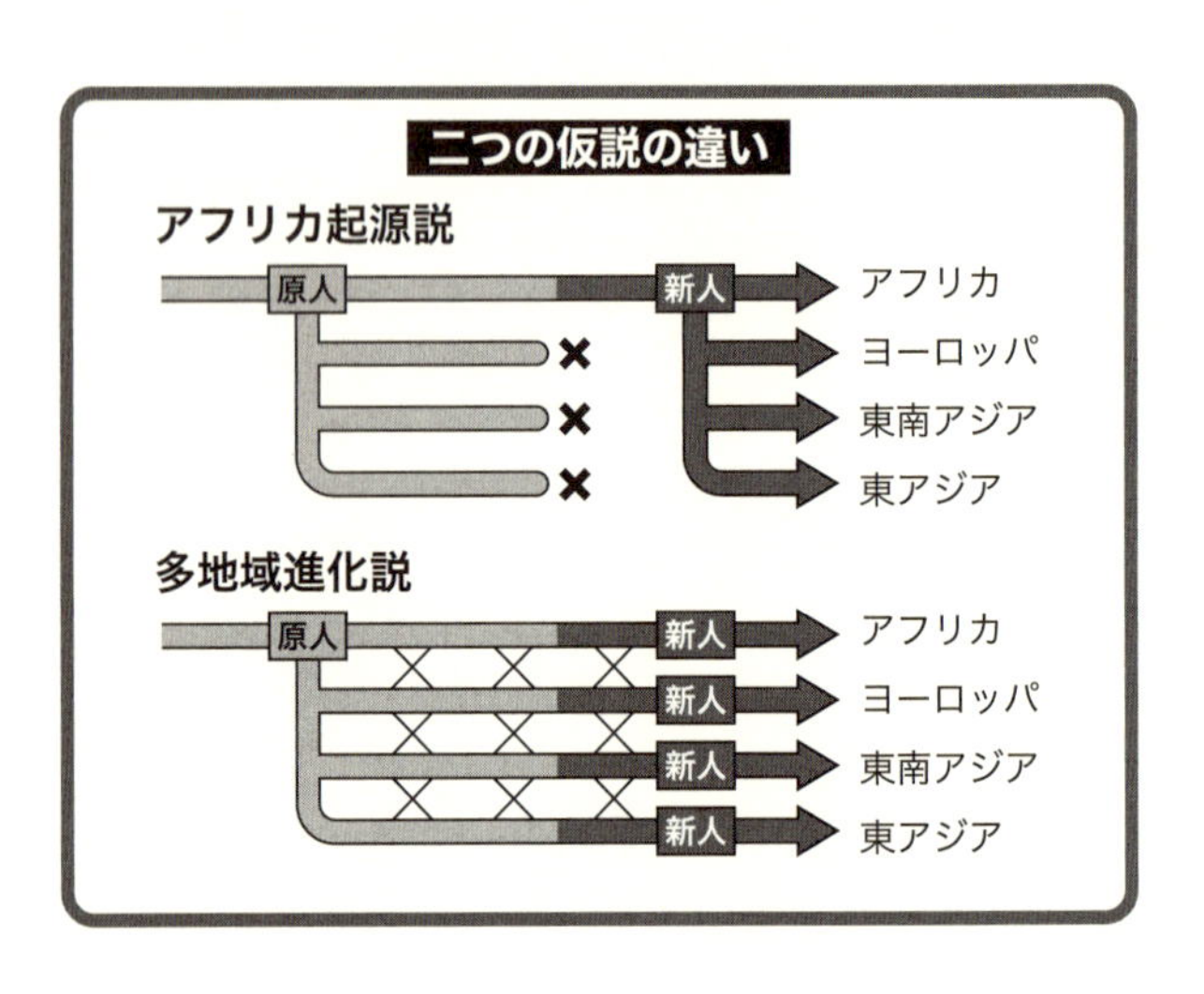

スが誕生したこと、世界各地の集団が分岐したのは、6万年前以降であるという人類の進化史のなかでは比較的新しいできごとであったことを指摘しました。その後ミトコンドリアに加えてY染色体や核ゲノムなど、その他のDNAの解析も進められました。その結果、アフリカ起源説が人類の誕生における有力な学説となりました。

ただし、DNAの解析が進んだことで、地域によってはホモ・サピエンスとネアンデルタール人やデニソワ人との交雑の痕跡が確認されています。地球上に存在するすべてのホモ・サピエンスが同じ経過をたどって進化をしたわけではないのです。地域によって独自の交雑があったために別の人類のDNAが混ざり、地域間でDNAに差異が生じたとする新しい「多地域進化説」も現在は支持を集めています。

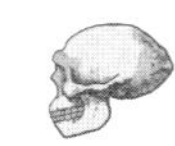

18 現生人類ホモ・サピエンスアフリカから世界に

自分の顔をじっくり鏡で見てみましょう。我々、現生人類は大きくて丸い頭部、高い額、引っ込んだ眼窩(がんか)と平べったい顔など、かなり特徴的な顔つきをしています。横にチンパンジーの写真を置くとかなりわかりやすくなります。

これまで紹介してきた猿人やネアンデルタール人と比べても、異なった形の頭骨をもっています。その他にも背が高く、声帯が発達して言葉によるコミュニケーションが取れるなど、多くのユニークな特徴を有しています。

こうした特徴をもつホモ・サピエンスが地球上に誕生したのはいつ、そしてどこなのでしょうか。20世紀の前半までは、ヨーロッパで比較的最近に誕生したと考えられてきました。1868年にフランス南西部のクロマニョン岩陰遺跡から、人骨と洗練された石器、骨製の針などが見つかりました。そのことがきっかけで、近代文明のみならず、現生人類そのものもヨーロッパから始まったと考える学者が多かったのです。

一方、アフリカはヨーロッパやアジアに比べると後進的であるという当時の先入観がありました。そのため、人類誕生の地だとは考えられていませんでした。しかし、1950年代以降、熱心に発掘研究が進められると、**しだいに人類進化におけるアフリカの重要性が明らかになっていく**ことになります。これまでは進化のわき道にすぎない、文化的にも遅れているアフリカが、じつは現代人とその文化の誕生の地であるかもしれないと認識されていったのです。

現在では、ホモ・サピエンスはアフリカで約30万年前に誕生したと考えられています。とくに現生人類のほとんどすべての人が、20万年ほど前にアフリカに住んでいたある一人の女性の子孫であるという「ミトコンドリア・イブ」説が1987年に発表されました。そのことで、人類のアフリカ発祥説は強く支持されるようになります。

頭骨に見られる原人と新人の違い

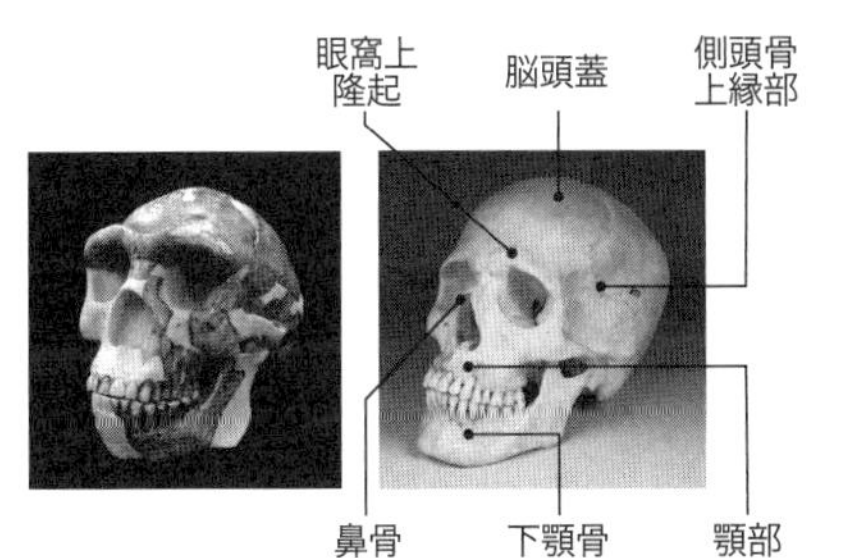

北京原人の復元
頭骨レプリカ

現代人男性頭骨

写真提供:国立科学博物館

	原人	新人
全　体	頭骨は比較的厚い	頭骨は薄い
脳頭蓋	前後に長く、低い	高く、丸い
側頭骨上縁部	直線状	強くカーブ
眼窩上隆起	よく発達	発達しない
鼻　骨	前方に突出	突出しない
顎　部	強い突出	弱い突出
下顎骨	後ろへ傾斜	オトガイが前方に発達

この研究では、世界中のヒトのミトコンドリアDNA中の変異（ハプロタイプ）を比較しました。DNAは親から子どもに伝わっていくとき、一定の割合で変異を起こすため、時間が経過するほどハプロタイプの種類が多くなり、DNAに個人差が生まれてきます。つまり、ある集団同士を比較したときグループ内での個人差が大きいほど、変異がたくさん起こったということになります。変異の数が多い集団ほど、成立が古く、長い歴史をもつことになるのです。

ハプロタイプの種類から樹形図をつくっていくと、**最も変異の数が多く、最も起源が古いと考えられるのは、サハラ以南のアフリカ人集団でした**。つまりDNAのデータは、人類は世界のどこよりもアフリカに一番長く住んでいる、要するにアフリカで誕生した可能性が高いということを示唆しています。

モロッコでは30万年前の、エチオピアでも19万年前のホモ・サピエンスの祖先の化石が発見されており、遺伝学的な証拠が示すアフリカ起源説を裏付けています。

また、少し時代は新しくなりますが、約16万年前の現生人類と考えられる大人二人と子どもの頭骨などがエチオピアで発見されています。こちらの化石では、額がやや高いという現生人類の特徴とともに、眉の骨が突き出ているなど原始的な特徴も見られました。そのため、ホモ・サピエンスに進化する直前のグループではないか、とも考えられています。

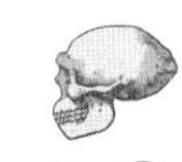

19 人間らしさとは直立二足歩行と頭のなかで考える力

人間と他の動物との違いは何でしょうか。直立二足歩行はもちろんのことですが、もう一つ挙げるなら、**頭がよいということ**でしょう。フランスの思想家であるパスカルが述べたように「人間とは考える葦」であり、考えるからこそ人間だということもできます。

考えるとはいったいどういうことなのでしょうか？　頭のなかで何かを思い浮かべてイメージするということです。一つの事柄から起こる結果を予測したり、複雑な手順を記憶し道具を作成したりするには必要不可欠な能力です。

こうした**頭のなかに何かをイメージすることを表象といい、記号・象徴・シ**

ンボルなどに近い意味で使います。人間にはこの表象を使用した表象思考能力があり、さらに頭のなかのイメージを象徴化してアウトプットする能力も備わっています。

いつ頃、ホモ・サピエンスは表象思考能力を獲得したのでしょうか。これは非常に難しい問題です。骨の化石からは直接読み取ることができないからです。頭骨に残されたわずかな痕跡から、脳の形を研究する古神経学者たちでさえも、難渋しているのが現状です。そのため、石器などの出土品から判断していく他ありません。

研究者のなかには「突然変異により突如5万年前に表象思考能力を獲得した」と考えている人もいます。しかし根拠は乏しく、むしろ、**じょじょに現代人的な思考能力と行動を獲得していった**と考える学説が一般的です。

現生人類の表象思考能力を端的に表すのが創作活動です。古代の遺物のなかでも最も有名なものの一つに、**約2万年前に描かれたとされるフランス・ラスコー洞窟の壁画**があります。そのためその頃には、確実に高度な表象思考能力を獲得していたことがわかります。

表象思考能力とは?

「人間とは考える葦である」

結果の予測　手順の記憶　過去の想起

記号・象徴・シンボルの操作
=頭のなかで何かイメージする能力

ラスコー洞窟の壁画

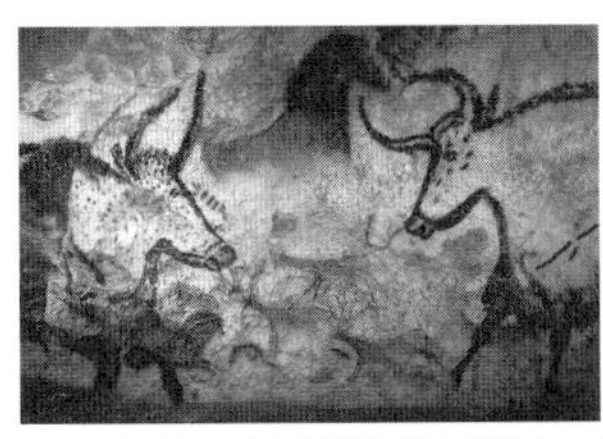

©Prof saxx

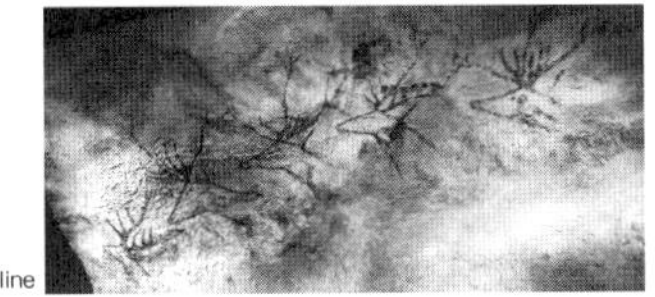

©Pline

表象思考能力獲得の証拠のなかでも、古いものが約7万5000年前のもの。南アフリカのブロンボス洞窟で見つかった網目状の幾何学模様が刻まれた土片（オーカー）です。いたずら書きのようにも見える模様ですが、何らかの意味が託されている可能性が非常に高いのです。それまでの人類が生み出してきた石器類には、実用性しか備わっていませんでした。このオーカーはそれとは異なる性質を明らかにもっていると考えられています。模様を描くことで自分が考えていることを表現し、誰かに伝えようとするには、抽象的な思考能力が芽生えていなければなりません。

またオーカーが見つかった発掘現場では、他にも多数の小さな貝殻が見つかっており、紐を通したような小さな穴が開いていました。わずか1センチほどの貝を食用のために採集したとは考えにくく、ネックレスとして使用したと考えられています。現代でも結婚指輪などに特別な意味が込められているように、**こうしたアクセサリーにも何らかの象徴的な意味が込められていた**と考えられています。

また4万～3万年前と時代が下るに従って、ヨーロッパでもこうした表象思考能力を有していたことを示す彫像や楽器などが見つかっています。そのことから、アフリカで芽生えた表象思考能力が、じょじょにヨーロッパへと広がっていったと考えられるのです。

20 化粧に楽器にアクセサリー 現代人に近づく人類

前の項目では、ホモ・サピエンスの表象思考能力について紹介しました。これはイメージし、考える能力のことで、脳のなかで起こっていた内面的な変化ですが、内面的な変化にともなって行動も変わってきました。

人類学・考古学でいう「現代的行動」とは、現代人に共通する固有の行動のことで、言語、宗教、冗談などから、複雑な道具の生産、道具をつくるための道具（二次道具）の使用、釣りをすること、化粧を含む装飾、埋葬などを含みます。こうした現代的行動は表象思考能力の獲得とともに、現生人類が少しずつ身に付けてきたのだと考えられています。

ホーレ・フェルス（シュルクリンゲン郊外）で発見されたビーナス像

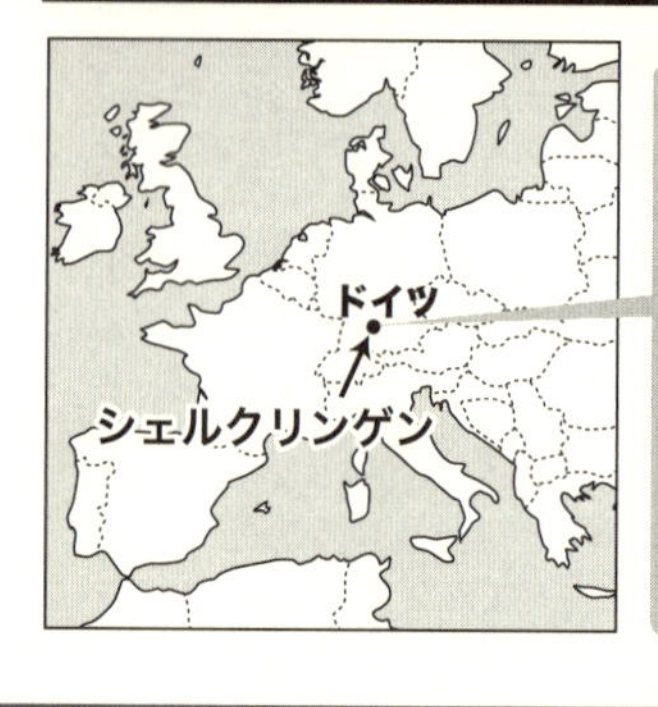

4万年前〜3万5000年前のものとされる。

たとえば**約4万5000年前、アフリカや中東では石器の生成技法に変化が生じました。**一つの原石から薄い石刃（せきじん）を剥離させて、そこから用途に応じて細かく加工を加えていくというものです。この技法は間もなくヨーロッパなど他の地域にも広がり、石刃の普及と並行して、骨や角、象牙製品、網、かごなどの細工も急増していきました。先端が着脱できるようになっているモリや石と木を組み合わせた手斧など、いくつかの部品からできている複合的な道具も見られるようになってきました。

また行動の現代化にともなって

キャンプが大型化していきました。埋葬の際には副葬品を一緒に埋めるなど社会性も拡大していきました。ある特定の人たちは他の人よりも副葬品であるビーズの数が非常に多いなど、社会的階層が生まれていたことを示唆するような証拠も見出されています。楽器・彫像なども登場しており、いわゆる「文化」といったものが生まれてきたこともうかがわれます。**内面的にも行動的にも非常に現代人らしくなってきたのが、およそ5万年前頃から**でした。

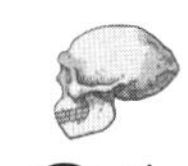

21 種の終焉
ネアンデルタール人の最期

ネアンデルタール人が地上から姿を消したのは、およそ4万年ほど前です。以前は、ホモ・サピエンスとの間に争いが起こり、その結果、絶滅したという考えがありました。しかし、ホモ・サピエンスがヨーロッパに居住域を広げた4万5000年ほど前から、その後少なくとも数千年間、ネアンデルタール人は生き残っています。したがって、この説は現在では一般的ではありません。

現在唱えられているネアンデルタール人の絶滅理由について、代表的な二つの説を紹介しましょう。

一つ目は気候変動によるもの。約5万5000年前から2万5000年前までの間、ユーラシア大陸の気候は温暖から寒冷、そして温暖へと数十年単位で変動していました。それまで氷期を乗り切ってきたネアンデルタール人も、あまりに急激な環境の変化により、絶滅したと考えられています。一方ホモ・サピエンスは、ネアンデルタール人には発明できなかった針と糸が使用できました。あたたかい服をつくったり、釣りをすることで氷河期を乗り切りました。

二つ目は直接的な戦争や殺戮（さつりく）があったわけではありませんが、ホモ・サピエンスとの生存競争に敗れたとするものです。ホモ・サピエンスは男が飛び道具を用いて狩りを行い、女は植物や小型動物の採集を行うという男女間での分業により、効率よく食料を集めていたと考えられています。他方、ネアンデルタール人は飛び道具をもたなかったため、獲物に近寄る必要のある危険な狩りを行い、なおかつ男女間での分業がなかったとされています。こうした点でネアンデルタール人は生存競争には不利であり、だんだんと人口を減らし絶滅したと考えられています。しかしゲノム解析の結果、彼らのDNAが数パーセント、ホモ・サピエンスに伝わっていることも判明しています。彼らは絶滅したのではなく、私たちの隠れた祖先となったのです。

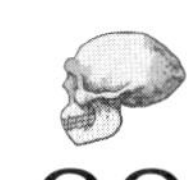

22 インドネシアで生き続けていた別種の人類、ホモ・フロレシエンス

4万年ほど前にネアンデルタール人が絶滅してから、地球上に存在するヒトは現生人類であるホモ・サピエンスだけだとされてきました。しかし最近のDNA研究でデニソワ人（72ページ参照）の存在も証明されています。また、2003年、新種の人類の化石がインドネシアのフローレス島で発見されました。**彼らは1万8000年ほど前まで生きていた**ともいわれています。

彼らは発見地の名前からホモ・フロレシエンスと名付けられました。身長は1メートル、脳の容量は400立方センチメートルほど。**そのサイズは原人以降の年代に生息していた人類としてはありえないほど小型**でした。しかし彼ら

ホモ・フロレシエンスの復元模型

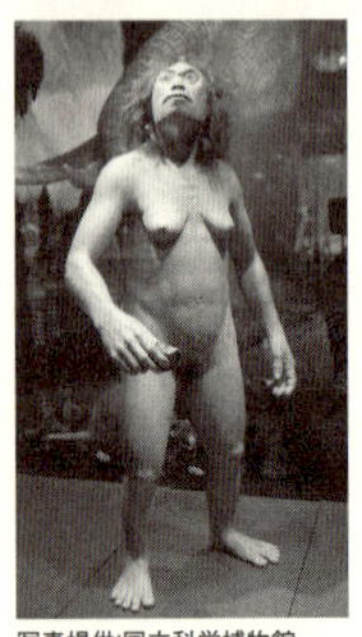

写真提供:国立科学博物館

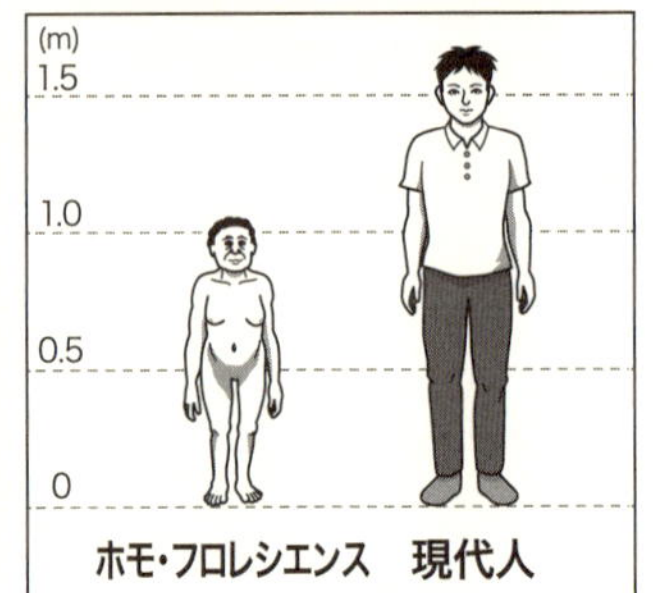

は石器をつくり動物を狩っていたとされ、原人並みの知性をもっていたと考えられています。発見当初は病気により小型化したホモ・サピエンスだとも推察されましたが、その後何体も同様の体型の化石が発見され、すべてが病気とは考えにくく、病気説は否定されています。ここまで小型化した原因として多くの研究者が支持しているのは、「島嶼化」という現象です。これは孤島など資源の少ない環境では、限られた食料への最適化のため大きい動物は小型化し、小さい動物は大型化するという現象です。

実際フローレス島では、本来大型であるステゴドンというゾウの仲間が、他の地域の半分程度まで小型化した化石が見つかっています。国立科学博物館の馬場悠男は、彼らの頭の骨格が150万年前に生息していたジャワ原人（ホモ・エレクトス）に似ていることから、フローレス島に漂着したジャワ原人が100万年以上にわたって狭い孤島で独自の進化を遂げた結果、身体も脳も小型化していったと考えるのが妥当だと述べています。

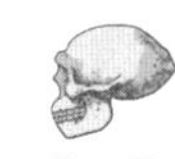

23 絶滅した人類の遺伝子を受け継いでいる現生人類

ホモ・サピエンス誕生までに、さまざまな種の人類が存在していました。またホモ・サピエンスが誕生してからも、しばらくは近縁種と共存していたことが明らかになっています。しかし**彼らは滅び、我々ホモ・サピエンスだけが生き残ることとなった**のです。

従来、人類の進化過程で別種同士が交配することはないと、多くの人類学者たちは考えてきました。しかしＤＮＡ解析技術の進歩により、絶滅した人類の核ＤＮＡの遺伝情報を化石から解析できるようになったことで、従来の考えが覆されました。２０１０年にクロアチアで見つかった化石から、ネアンデルタール人の核ＤＮＡが解析され、アフリカ人、アジア人、ヨーロッパ人のゲノムと比較した研究が発表されました。その結果は、アフリカ人とネアンデルタール人のゲノムの差が他と比べて大きいというものでした。

ホモ・サピエンスがアフリカで、ネアンデルタール人と完全に切り離されて進化を続けたとするならば、アフリカ人、アジア人、ヨーロッパ人の間でネアンデルタール人とのゲノムの差に違いが生じるはずはありません。しかし、アフリカ人の核ＤＮＡだけ違いが大きかったのです。

これは、非アフリカ人の祖先とネアンデルタール人が中東で共存していた8万年ほど前から5万年ほど前の間に交雑をしたからだ、とすると説明がつきます。**アフリカ人以外はのちにネアンデルタール人からＤＮＡが伝えられているので、彼らとのゲノムの差が小さいのです**。現代の非アフリカ人はゲノム全体の１～４パーセントをネアンデルタール人から引き継いでいるようです。

驚くべきことに、さらに別の人類との交雑があったことも明らかになりました。**交雑の相手は中央アジア、アルタイ山脈に住んでいたデニソワ人たちです。**デニソワ人はネアンデルタール人の近縁種で、ネアンデルタール人とデニソワ人の共通祖先からホモ・サピエンスは分岐しました。

そんな**デニソワ人に由来するDNAを多くもっていたのは、メラネシア人やオーストラリアのアボリジニ、パプアニューギニアの先住民など**です。彼らはゲノムの1～6パーセントをデニソワ人から引き継いでおり、私たち日本人もごくわずか彼らのDNAをもっています。

彼らは最も早い時期に東南アジアやオーストラリアに進出したホモ・サピエンスの子孫で、その拡散の過程でデニソワ人と交雑したのでしょう。一方でアフリカ人、ヨーロッパ人には交雑した形跡は残っていません。

こうした事実からホモ・サピエンスは出アフリカ後、他の人類を駆逐しながら世界各地に広がっていったという、単純なアフリカ起源説を支持することは難しくなっています。人類の世界展開は想像以上に複雑なものだったのです。

混血が起こることで異なる遺伝子が注入され、そのことがホモ・サピエンスの生存に有利に働いたと考えることも可能です。たとえばネアンデルタール人から受け継いだDNAには免疫力を高め、病気に対する抵抗力を強める働きがあった可能性があるという研究もあります。

デニソワ人やネアンデルタール人から受け継いだDNAの領域を詳しく調べることで、我々のどういった特徴がすでに絶滅してしまった親戚たちに由来するものなのかが明らかになることでしょう。研究の続報が待たれます。なお、この古代人との混血の研究を主導したスバンテ・ペーボには、2022年にノーベル生理学・医学賞が与えられています。

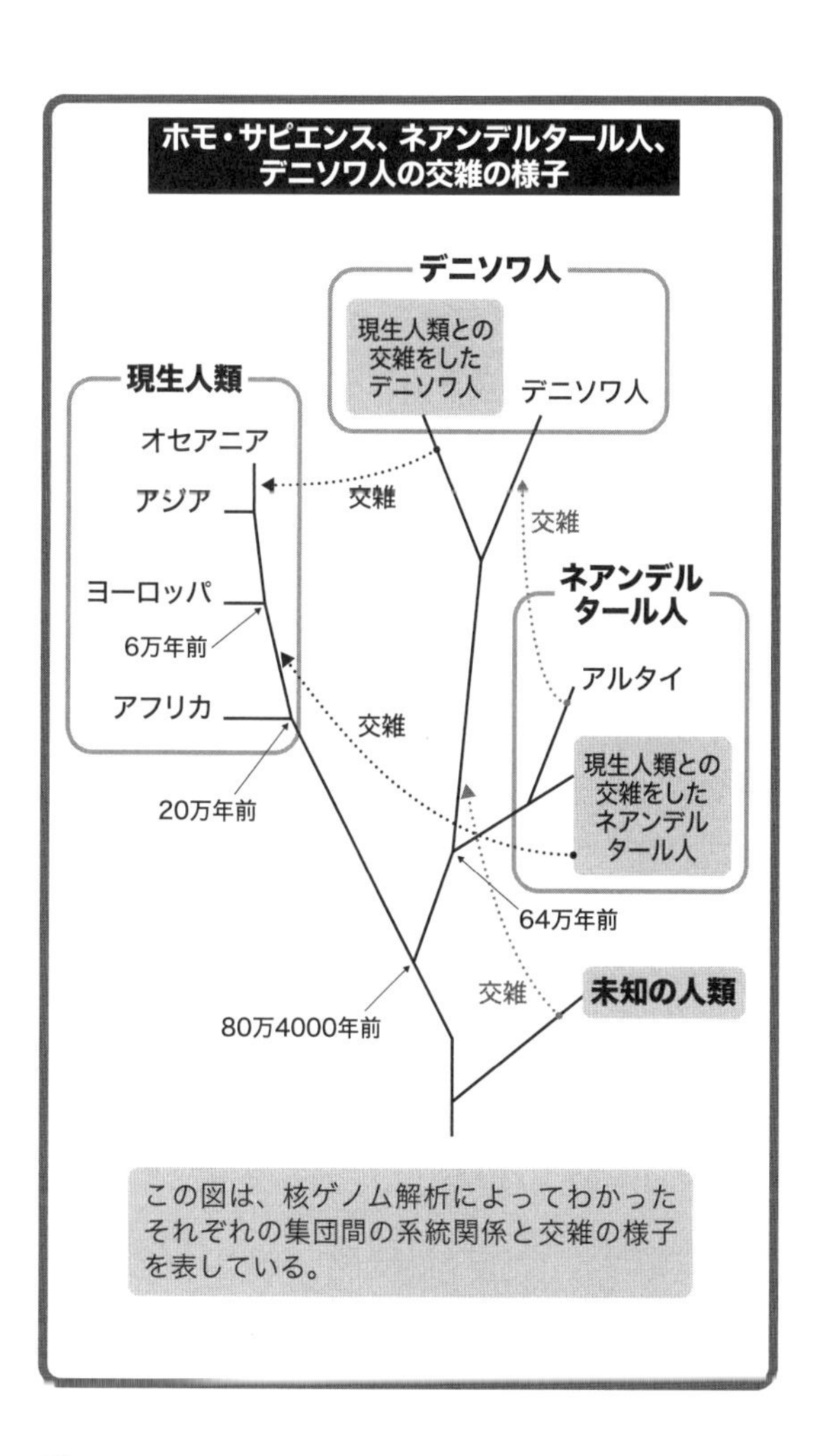
ホモ・サピエンス、ネアンデルタール人、
デニソワ人の交雑の様子
デニソワ人
現生人類との
交雑をした
デニソワ人
デニソワ人
現生人類
オセアニア
アジア
ヨーロッパ
6万年前
アフリカ
20万年前
交雑
交雑
交雑
ネアンデル
タール人
アルタイ
現生人類との
交雑をした
ネアンデル
タール人
64万年前
交雑
未知の人類
80万4000年前
この図は、核ゲノム解析によってわかった
それぞれの集団間の系統関係と交雑の様子
を表している。

Column

消えた北京原人!?

1920年代には、中国における初期人類の研究が進められ、化石が多く見つかるとされていた北京郊外の周口店での発掘作業が行われていました。20年代の終わりには北京原人の化石が複数発見され、その後も約40個体分の化石が発見されました。

しかし時代は第二次世界大戦前夜。日に日に悪化していく情勢に、中国国内に置いていたのでは、せっかくの化石が安全に保管できないと研究者たちは考え、アメリカへの輸送を決断しました。そして中国駐在アメリカ大使館に運び込み、アメリカ本国に送られるはずだったのですが……。

結局、アメリカ本国に到着することなく、忽然と消えてしまいました。輸送船が沈んだ説、誰かが隠しもっている説、木箱を埋めた場所に建物が建って掘り起こせない説などがありますが、いまだに化石の所在はわかっていません。そのせいもあって、親戚のトランクのなかに入っていた！　なんていうイカサマ事件が今でもあるんだとか。

2章

世界に拡散する ホモ・サピエンス

24 膨大なDNAを解析 自身のルーツも判明

ホモ・サピエンスはアフリカで誕生し、世界中へと広がりました。この仮説が、世界各地の住民をサンプルとしてミトコンドリアDNAの突然変異の結果を比較解析することで見えてきたことは、1章でも述べたとおりです。

1980年代後半からはミトコンドリアDNAに加え、男性から息子へと受け継がれるY染色体のDNAも解析されるようになり、さらに解析の幅が広がりました。そして、2003年にはついにヒトゲノムの解析も完了。ミトコンドリアDNAもY染色体も、両親の一方からしか継承されませんが、**核のゲノムは双方から継承されるため、一人分のゲノム情報からでもさまざまな結論を導くことができます**。とくに、サンプルの少ない古代人骨の解析は、今後、飛躍的に進むことが期待されます。

さらに、ナショナルジオグラフィック協会やIBMらは共同研究「ジェノグラフィック・プロジェクト」を実施。2010年までに10万人以上のDNA分

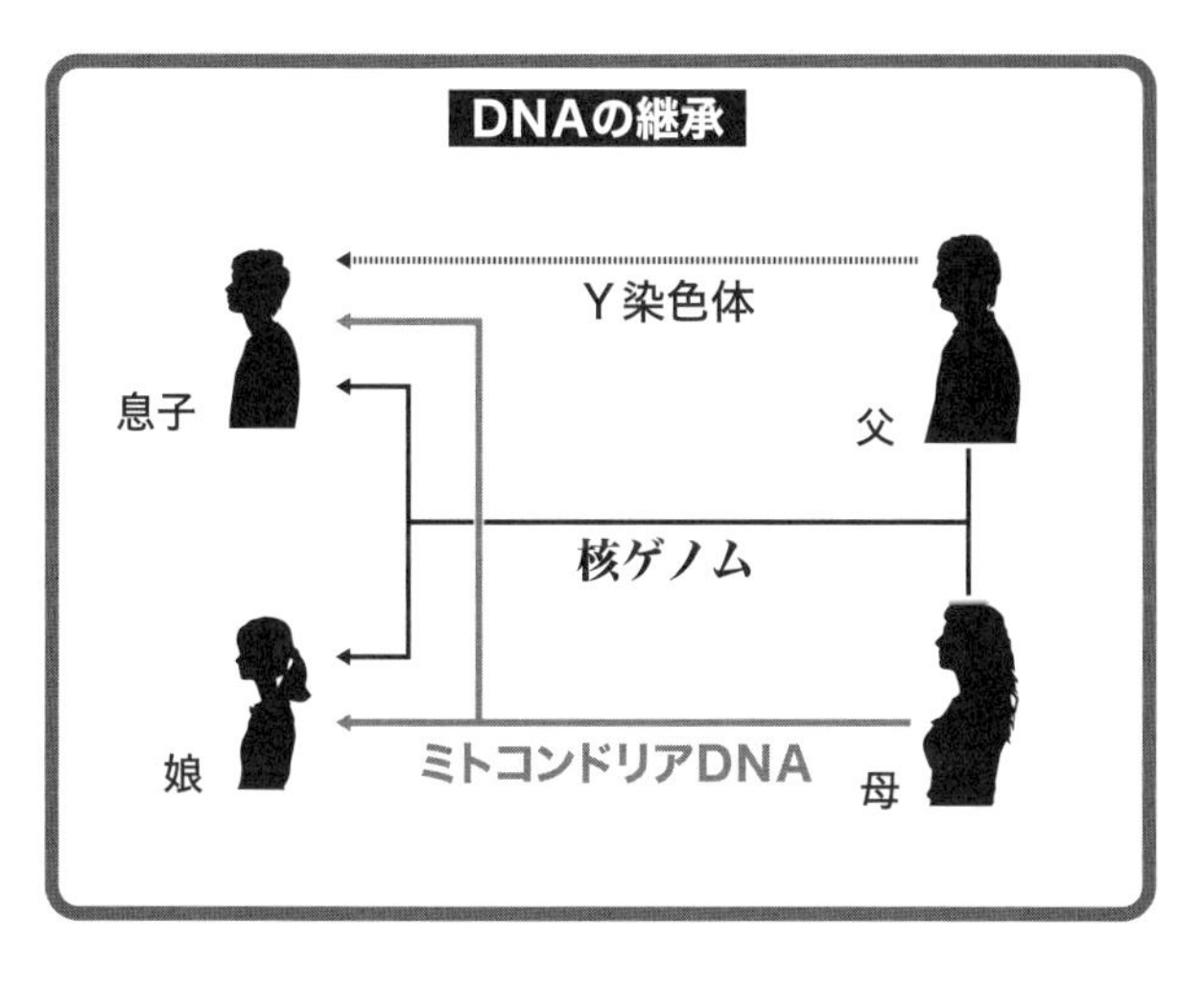

析に成功しました。この他にも地域集団のゲノムを調べるプロジェクトがいくつも行われ、**より詳細な人類拡散のシナリオが描き出されるようになってきた**のです。

「出アフリカ」、つまり人類がアフリカから広い世界へと飛び出した時期は、約6万年前とされます。ミトコンドリアDNAやゲノムの解析から、出アフリカを成し遂げたのはわずか数百人から数千人の集団だったと推定されています。出アフリカは人類が成し遂げた挑戦のなかでもとくに重要なものでした。さらにその後も、環境の変化や地形など、多くの試練がホモ・サピエンスを襲います。2章ではこの旅路を見ていきましょう。

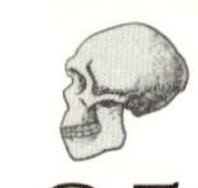

25 絶滅の末路をたどった ホモ・サピエンス最初の遠征

ホモ・サピエンスがアフリカを出て他の大陸へと至った「出アフリカ」は、6万年前だとされますが、東部地中海沿岸のレバント地方の「カフゼー遺跡」と「スフール遺跡」からは、10万年以上前のホモ・サピエンスの化石が見つかっています。現代人の祖先が行った**出アフリカよりも4万年ほど前に、人類はイスラエルに到達していた**のです。

カフゼー遺跡からは、中期旧石器時代の遺物とともに新人（ホモ・サピエンス）の化石が発見されました。ホモ・サピエンスとしてはユーラシア最古だとされます。またスフール遺跡からは、9体の化石人骨が見つかりました。さらに最近では、両遺跡に近いミズリア遺跡から18万年前のホモ・サピエンスの骨が見つかっています。

レバントの遺跡群

ミズリア遺跡
約18万年前の現生人類の人骨が見つかっている。

カフゼー遺跡
約10万年前の14体の現生人類の人骨が見つかっている。動物の頭部など副葬品も確認された。

ナハル・メアロット遺跡群
・スフール遺跡
約10万年前の9体の現生人類の人骨が見つかっている。貝ビーズも一緒に発見された。
・タブーン遺跡
約12万年前のネアンデルタール人の骨が見つかっている。

彼らがサハラ砂漠を越えたルートには、ナイル川をたどった、サハラ中央部を通って北アフリカを目指したなどの説があります。この時代、サハラは今のような広大な砂漠ではなかったようです。しかしレバントで発見された他の遺跡からは、10万年前以降の遺物や化石は見つかっていません。

埋葬を止めたため、人骨が残りにくくなったとの言説もありますが、ホモ・サピエンスのものらしき**石器なども見られなくなる**ため説得力に欠けます。10万年前というと、あたたかな間氷期の終わり頃で、以降じょじょに寒冷な気候に移っていきます。それにともなってアフリカ生まれのホモ・サピエンスが中東から南に移動したと考えるほうが自然です。

レバント付近からは、より寒気に適応していたネアンデルタール人の人骨も見つかっており、彼らとの衝突により滅んだという説もあります。どちらにしても、この**最初の移動は失敗に終わった**ようです。

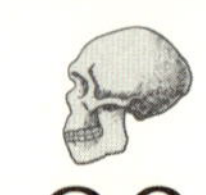

26 6万年前にホモ・サピエンスが成し遂げた出アフリカ

ホモ・サピエンスは長い間、アフリカ大陸だけに居住してきました。しかし6万年ほど前にアフリカから出て、アジアなど他の地域へと移動したのはすでに説明したとおりです。これを『旧約聖書』の「出エジプト記」にちなんで「出アフリカ」と呼んでいます。

出アフリカまでに長い時間を要したのは、**サハラ砂漠が障害になったから**だと考えられています。ホモ・サピエンスが誕生したのは北東アフリカから南アフリカにかけての地域で、6万年前までにはアフリカ中に広がっていたでしょうが、他の大陸に進出するにはまず北方へと移動しなければなりません。その進路上に位置する広大なサハラ砂漠が移動を妨害したはずです。中東地域を抜けてユーラシア大陸へと進出するにも、サハラ砂漠のせいで唯一の陸路が使えません。前項で紹介したわずかな期間にここを抜けた集団も、結局世界中に広がることはできませんでした。そのため、ホモ・サピエンスは長くアフリカ大陸にとどまることになったのでしょう。

近年までの調査の結果、ホモ・サピエンスが出アフリカを果たしたルートとして、2つの有力な経路が提唱されています。一つは、**アラビア半島とアフリカ大陸北東部の間にあるシナイ半島を経由する「北方ルート」**。もう一つは**バブ・エル・マンデブ海峡を通ってアラビア半島へと至る「南方ルート」**です。バブ・エル・マンデブ海峡とは、アラビア半島南西部のイエメンと東アフリカのエリトリア、ジブチ国境付近の、アラビア海から紅海へとつながる海峡のことです。アフリカ以外の世界中の人々の遺伝子の研究からは、移動が複数回に分かれていたとは考えにくく、どちらが使われたのかの論争は現在も続いています。

人骨や遺物の証拠がないのは、人類が拡散した時期が、氷河時代でもとくに寒冷な時期だったためです。当時は現在よりも海水面が下がっており、海岸線も遠ざかっていたと考えられます。どちらのルートにしても拡散は海岸沿いに行われたと考えられ、現在は海中に没しています。そのため、直接的な証拠が見つからないのです。

二つの説のうち、DNA研究から有力とされているのは南方ルートでしたが、古代ゲノムの研究が進んだことで、北方ルートを支持する研究者が多くなっています。

遺伝的な証拠から考えると、出アフリカを成し遂げたホモ・サピエンスの数はそれほど多くありません。**その数は、数百から数千人ほどと、ごく少数だったとするのが定説です。**現代人のもつミトコンドリアDNAをさかのぼると、6万年前にはおよそ40ほどのハプログループ（29ページ参照）が存在したことがわかっています。しかし出アフリカが確認されたのは、二つのみ。核ゲノム解析の結果も出アフリカが少人数により行われたことを示しています。またこの2系統も、分岐した年代は近く、**出アフリカを成し遂げたのは遺伝的にまと**

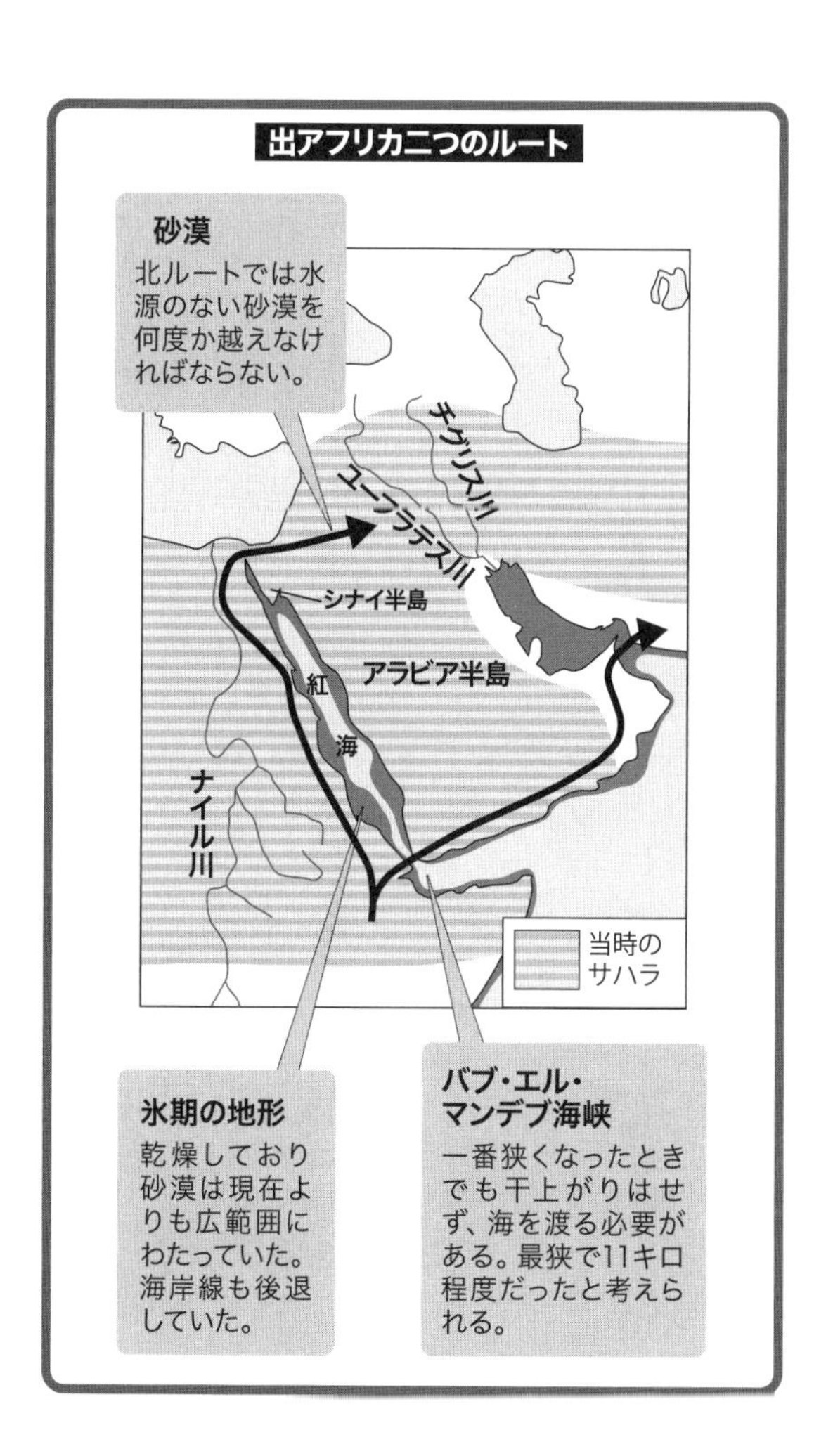
出アフリカ二つのルート
砂漠
北ルートでは水源のない砂漠を何度か越えなければならない。
チグリス川
ユーフラテス川
シナイ半島
アラビア半島
紅
海
ナイル川
当時のサハラ
氷期の地形
乾燥しており砂漠は現在よりも広範囲にわたっていた。海岸線も後退していた。
バブ・エル・マンデブ海峡
一番狭くなったときでも干上がりはせず、海を渡る必要がある。最狭で11キロ程度だったと考えられる。

まった地域集団に属する人々だったと考えられます。

出アフリカの時期やルートは定かではありませんが、確実なこともあります。現在世界に広がる60億以上の人類は、6万年前に出アフリカに成功した少数の祖先から派生した人々であり、人種や国が違っても同じ祖先につながっているということ。つまり、現在見られる人類の多様性は、まったく異なる種から派生しているからでも、もともとの能力の差が生んだものでもありません。アフリカを出た後の環境や歴史によってつくられた後天的なものなのです。多様な文化に優劣はなく、世界中のあらゆる文化が「全人類の知的な遺産」であり、敬意を払わねばならないことがわかります。

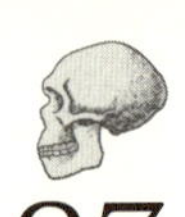

27 アフリカを出た人類は4万年以上前にアジアへ到達

アフリカと中東以外で、最も古い年代のホモ・サピエンスの人骨が残っているのが東南アジアやオーストラリアです。遺跡や遺物はあまり多く発見されていませんが、最重要といえるのは、**マレーシアのニア洞窟**でしょう。

　南シナ海から17キロメートルほど内陸部にあるニア洞窟。1958年、この体育館ほどもある広大な洞窟から非常に古い人骨が見つかったのです。深さ約2・5メートルの地中に埋まっていたため、この人骨は**「ディープスカル」**と名付けられました。2000年、サラワク博物館や英ケンブリッジ大の合同調査団の検証で、ディープスカルは「約4万2000年前の、20歳前後の女性」だと特定。当時としては東南アジア最古のホモ・サピエンスとして認定されたのです（2012年、ラオスで4万6000年前のものと見られるホモ・サピエンスの骨の発見が報告されています）。

　このことから、出アフリカに成功した人類は、南アジアの海岸沿いを通って東へと進み、さらにオーストラリア大陸へと移動していったと考えられています。この仮説を裏づけるため、旧大陸の各地でミトコンドリアDNAの古い系統を探す研究が行われました。その結果、南インドや東南アジアの海岸地域に住む先住民に、アフリカの系統に直接結びつくミトコンドリアDNAの系統（ハプログループ）が見つかったのです。ニア洞窟などから見つかっている遺物とミトコンドリアDNAの示す事実。二つの証拠が同じ結論を導いていることになります。**アフリカを出たホモ・サピエンスは、5万〜4万年前に東南アジアに進出した**のです。

ホモ・サピエンスの世界拡散が起こった6万〜2万年前は、最終氷期と呼ばれる低温期でした。この時期、海水面が低下していたので、現在のマレー半島東岸からインドシナ半島に至るエリアに「スンダランド」と呼ばれる幻の大地がありました。アフリカを出て南アジアへと到達した人々は、現在は海底に沈んでしまった広大な大地スンダランドに住みついたのです。タイのシミラン諸島やプーケットの海底からは海底構造物が発見されています。それらの遺構は私たちの祖先が生活していた痕跡なのです。

ホモ・サピエンスは、スンダランドに定着して人口を増やしました。**南アジアや東南アジアでは急速に人口が増加した**ことも、DNA研究からわかっています。じつはDNAの多様性から人口の増減がある程度類推できるのです。遺伝的な多様性は突然変異の蓄積によって生じます。したがって時間の経過とともに多様性が増していくことになります。人口の爆発的増加も、多様性が増す

東南アジアでの拡散

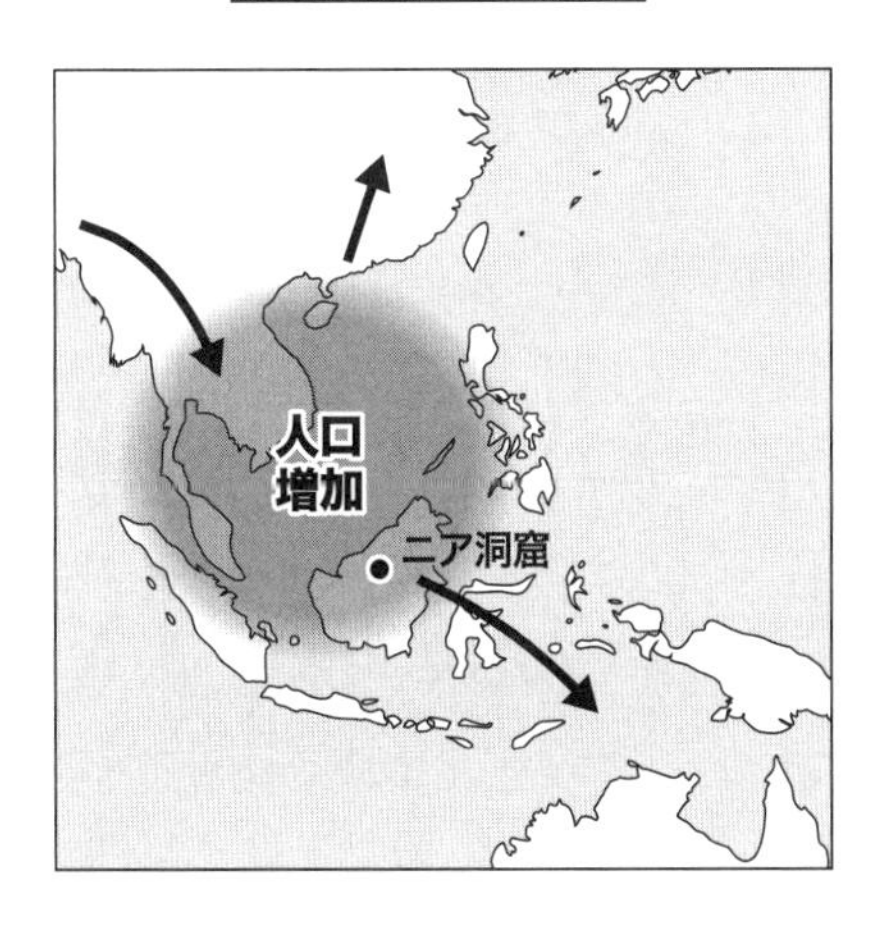

ニア洞窟の入り口

©berniedup

要因の一つ。人口が多いと、それだけ突然変異が起こる可能性が増えるからです。過去のある短期間に多様性が増加したDNAの系統があったとしたら、その時期に人口が増えた可能性が高いと考えられるのです。そして、スンダランドに住んでいた時期、ホモ・サピエンスには多様性の増加が見られました。つまり、人口が大きく増えたといえるのです。

東南アジアと東アジアで大規模なゲノム解析が行われた結果、遺伝子の多様性は東南アジア、東アジア、北東アジアの順に減少していくことがわかりました。この調査から、大多数のホモ・サピエンスは東南アジアから北上し、東アジア、さらに北東アジアへと広がったことがわかります。こうして、4万〜3万年ほど前までにはアジア全域に人々が広がり、居住することになっていったと予想されます。

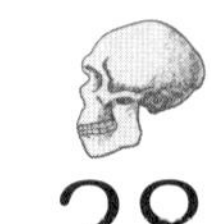

28 移動から定住へ 海の恵みを利用する海洋民の誕生

最終氷期は2万年ほど前に最寒期を迎え、以降、気温は少しずつ高くなっていきました。それにともない、海水面も上昇し始めます。5000年前には現在よりも4メートルほど高くなったことがわかっています。「スンダランド」と呼ばれる大地も海の底に沈み、広大な陸塊だった東南アジアは、半島と大小の島々へと分かれていきました。島ができるということは、海岸線が増えるということでもあります。この1万年以上の期間の間に、**ホモ・サピエンスは海の恩恵に頼った生活様式を手に入れていった**と考えられます。

正確な年代はわかりませんが、この頃にはすでに魚や貝、水鳥などの食料が手に入れやすく、気候も安定して生活に適した河口付近に、長期間暮らす集団があったことも考えられます。こうして生まれたのが海洋民です。それまで移動しながら生活していた人類が、永続的定住地を形成したということになります。

人々は海沿いに定住しつつ、海へと進出していきました。**人類が航海技術を手に入れた時期は非常に早かった**と考えられています。出アフリカにしても、南ルートを通るには海峡を越える必要がありました。

旧石器時代のホモ・サピエンスがどのような舟を使ったのかは、木や竹が化石にならないため、よくわかりません。竹や草、丸太のような浮く素材を束ねてつくった植物素材の、イカダのような素朴な舟を使っていたのかもしれません。

3章で詳しく述べますが、日本列島も人類の初期拡散の時期には、北海道以外、大陸と地続きにはなっていませんでした。最初の日本人も海を越えてきたのです。

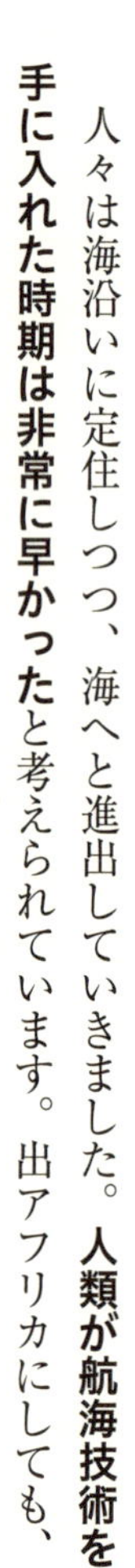

29 新天地を求め オーストラリアへと漕ぎ出す

東南アジアに到達したホモ・サピエンスは、さらにオーストラリアを目指したと考えられています。オーストラリア最古の人骨は4万年以上前のもの。

5万年前とする説もあります。この説が正しければ、**ホモ・サピエンスは出アフリカから1万年ほどでオーストラリア大陸に到達した**ことになります。

ニュー・サウス・ウェールズ州南西部の奥地、マレー河の源流にある「ウィランドラ湖群地域」。世界遺産にも登録されたこの場所、現在は37万ヘクタールもの砂漠地帯ですが、かつては広大な湖が広がっていたといいます。1万5000年前に湖は干上がってしまいましたが、4万年前にはウィランドラ湖周辺にホモ・サピエンスが住みつき、魚や貝をとって生活していたことが知られています。この地域の「マンゴ湖」遺跡から見つかったのは、世界最古の火葬の痕跡です。**火葬された女性の骨のほか、赤い顔料がまかれた跡も見つかっていることから、儀礼が行われていた**ことがわかります。

儀礼活動は現代人へとつながる先祖としての、重要な特徴の一つだと考えられています。ウィランドラ湖群地域では今も発掘調査が進んでおり、2005年には2万年前のホモ・サピエンスの足跡も発見されています。457個の足跡には、小さな子どものものと見られる13センチメートル程度の足跡から、30センチメートルほどのものまでありました。研究が進めば、祖先たちのことがさらに深く理解できそうです。

ホモ・サピエンスは、どのような経路を通ってアジアからオーストラリアへと到達したのでしょうか。氷期に海水面が下がり、スンダランドと呼ばれる大陸が出現していたのは、先に説明したとおりです。マレー半島、スマトラ、ジャワ島、ボルネオなどの島々がつながったもので、ホモ・サピエンスはこの大陸を歩いて各地へと散っていきました。同じ頃、オーストラリア、ニューギニア、タスマニア島などがつながった「サフールランド」と呼ばれる陸地も存在しました。アジアとオーストラリアは、今よりもずっと近かったのです。

しかし、いくら近づいてもスンダランドとサフールランドは陸続きになったわけではありません。「ウォーレス線」という言葉をご存じの方もいらっしゃるかもしれません。バリ島とロンボク島の間のロンボク海峡、さらにボルネオとスラウェシ島の間のマカッサル海峡を南北に走る境界線のことです。ウォーレス線を挟んで、スンダランド側とサフールランド側とでは生息する生き物が大きく異なっています。このことから、**二つの大陸は陸続きにはなっていなかったこと**がわかります。

オーストラリアへの進出

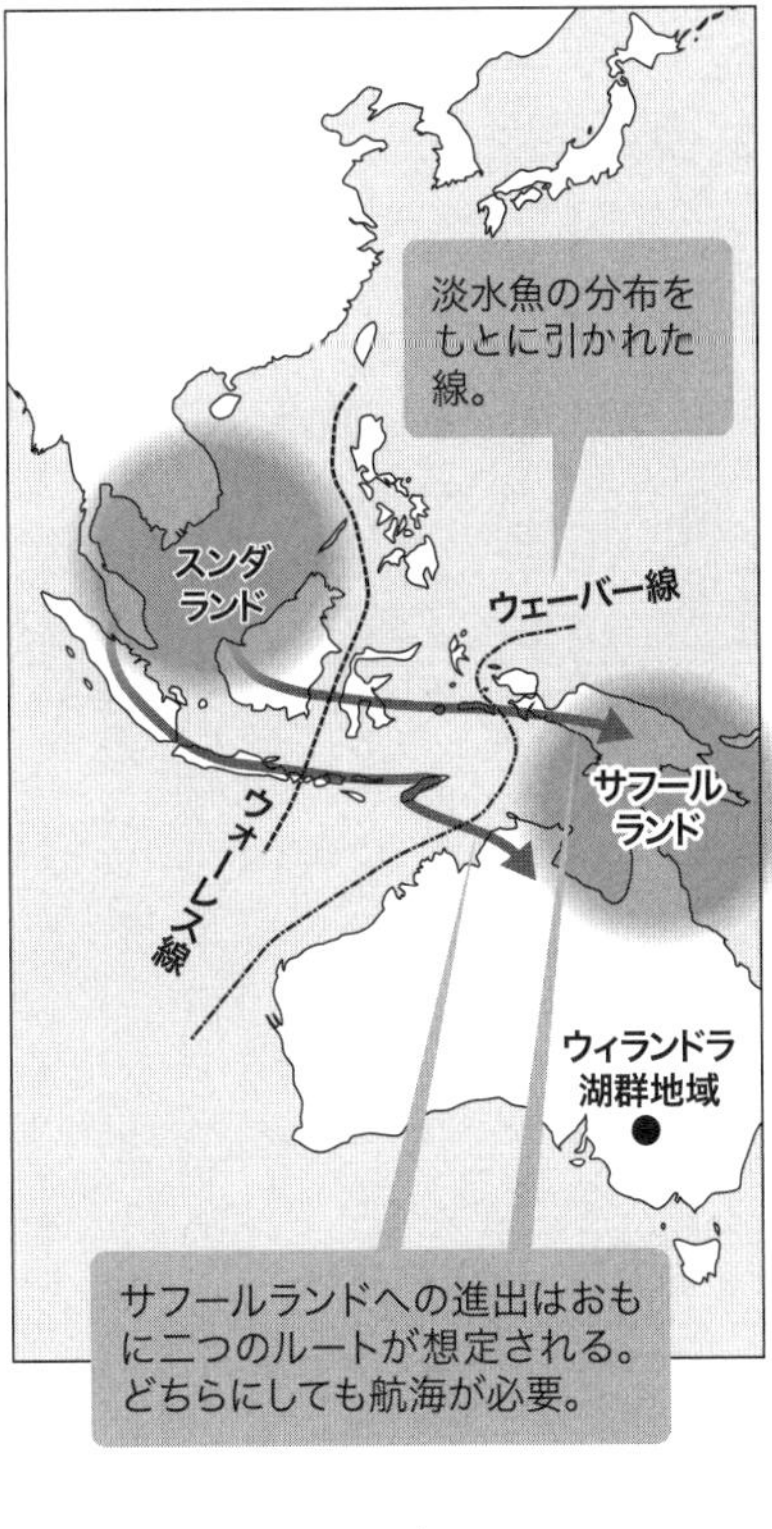

淡水魚の分布をもとに引かれた線。

スンダランド

ウェーバー線

サフールランド

ウォーレス線

ウィランドラ湖群地域

サフールランドへの進出はおもに二つのルートが想定される。どちらにしても航海が必要。

現在までの研究では、スンダランドとサフールランドは、最も近いところで80キロメートルほども離れていたとされています。**ホモ・サピエンスは、舟で海を渡った**のでしょう。竹や草などでつくった素朴なイカダを使ったとする説が有力ですが、3万〜2万年前に描かれたとされる、オーストラリア北西部の「ブラッドショーの壁画」に、カヌー状の舟を櫂で漕ぐ絵があることから、このような舟が使われたとする説もあります。

ホモ・サピエンスは、なぜ危険な航海をしたのでしょうか。近くの島に行くつもりで海流に乗ってたどり着いたとする説や、気候変動・人口増加によって食料不足が起こり、新天地を目指したとする説などがありますが、よくわかってはいません。

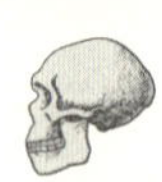

30 極寒の地シベリアに残るホモ・サピエンスの痕跡

南へと向かう一団がいる一方で、北を目指し、**極寒のシベリアへと向かう集**

団もありました。中東で東南アジアの集団と分かれたグループは、ユーラシアを北上し、シベリアへと到達したと考えられます。実際シベリアでは、これまでに200近くの氷河期の遺跡が発見されており、**早ければ4万5000年前頃にはシベリアに暮らしていた**ともいわれます。この時期は現在よりも平均気温が7~8℃も低い氷期の途中。ホモ・サピエンスはこの寒さを克服したのです。

　バイカル湖付近に、2万4000年前の集落遺跡「マリタ遺跡」があります。細石刃（さいせきじん）などの石器類、マンモスの牙でつくった彫刻品などが見つかっており、高度な道具と、芸術的水準の高さで知られる遺跡です。ここからは「マリタ1号」と名付けられた3~4歳の幼児の人骨が出土しています。1928年に発掘され、北方系アジア人の先祖であると考えられてきた人骨です。

　2014年にはこのマリタ1号からDNAが抽出され、全ゲノム解析が行われました。その結果、ミトコンドリアDNAはヨーロッパに多い系統、Y染色体は西ユーラシアに見られる系統であることが判明。核ゲノムも西ユーラシアとの関係を示しました。現代のアジア人との関係は示されなかったのです。むしろ、アメリカ先住民にその遺伝子が共有されていることがわかりました。

マリタ1号とアメリカ先住民とは、ゲノムのうち14～38パーセントが関連しているなど、近縁性が認められます。つまりマリタ1号と同じ系統の人々は、ヨーロッパからベーリング海峡を通って新大陸へと到達した可能性が高いのです。

この解析結果は、**東ヨーロッパとアジアで数万年前から往来があった可能性も示唆**しています。シルクロードの形成が数万年単位で前倒しになると解釈することもできるかもしれません。さすがにこれはすぐには結論を出せませんが、シルクロード成立以前の4000～3000年前の遺跡から見つかった人骨にも、東西の混血の跡が見えることから、この地域での人の往来は一方向での単純なものではなかったようです。

シベリアのホモ・サピエンスは、竪穴住居に住み、炉を使用して厳寒の地で生活していたこともわかっています。住居は木を骨組みにし、トナカイの骨を補強材として、土壁で形成したもの。屋根には毛皮を使ったりと、**技術で寒さを克服した**のです。

ですが中央アジアには、ホモ・サピエンスの前にも先住民がいました。ネアンデルタール人やデニソワ人です。以前から旧人類がいたのではないかとされ

マリタ・トランスバイカル地方からの主要出土品

出土品	意味すること
人骨	DNAからはヨーロッパやアメリカ先住民との関係が示唆される
野営地跡	ある程度の定住性
竪穴住居	
マンモス牙を使った彫刻	芸術の開花。ヨーロッパの文化が垣間見え、広範囲のネットワークを感じさせる
人形の彫刻	デザインからすでに複雑な服があったことが垣間見える
針	衣服の存在を示唆する

ていましたが、**中央アジア・アルタイ地方の「デニソワ洞窟」や「オクラドニコフ記念洞窟」で発見された化石人骨のDNA解析によって、旧人類の存在が証明されました。**彼らは寒さへの技術的な対策は有していませんでしたが、寒い地方でも生活できるように身体が適応していたようです。化石骨の研究から、寒冷地のネアンデルタール人は胴長でがっしりした体型だったことがわかっています。体表を小さくし、熱を逃がしにくくしていたのでしょう。

1章でも述べたとおり、現代人の核ゲノム解析の結果からは彼らとホモ・サピエンスとの交雑も示唆されています。今後、化石人骨のDNA鑑定がさらに進めば、新人のシベリア到達時期や交雑の過程、分布の様子などもさらに明らかになっていくはずです。

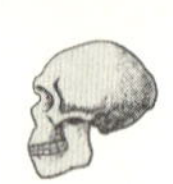

31 ベーリンジアを通り新大陸・アメリカへと到達

東シベリアにまで広がったホモ・サピエンスはさらに北上を続けました。ロ

ベーリンジア隔離仮説

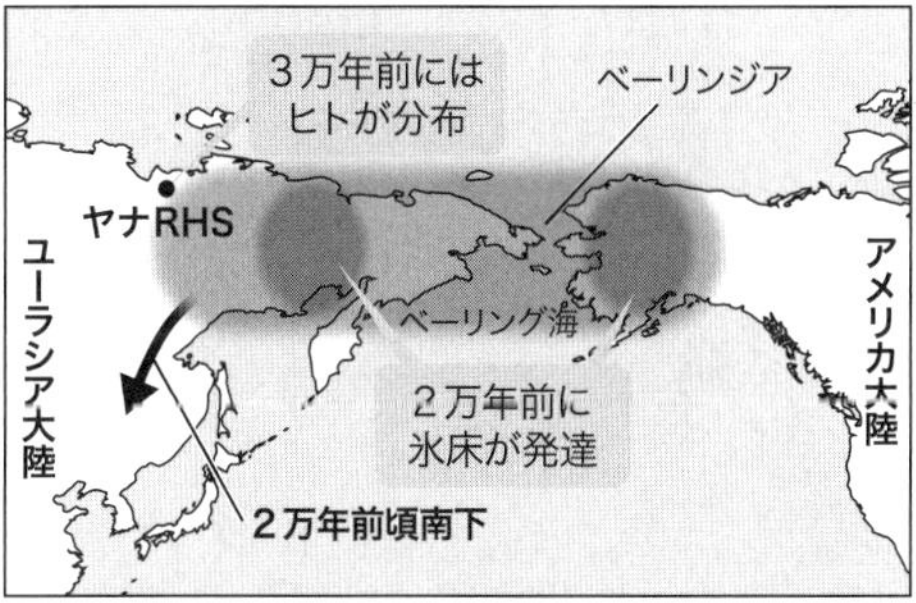

３万年前には
ヒトが分布
ベーリンジア
ヤナRHS
ユーラシア大陸
アメリカ大陸
ベーリング海
２万年前に
氷床が発達
２万年前頃南下

シアの考古学者ピトゥルコ氏の発表によれば、北極海から１４０キロほどの位置に存在するヤナＲＨＳ遺跡は約３万３０００年前のものだというのです。**現在より寒冷なこの時期に、ヒトは北極圏に到達していたこ**とになります。これまでの定説では、シベリア北部への進出は最氷期が終わった１万５０００年前頃とされていたことを考えると、この年代は驚異的です。

　じつはＤＮＡの面からも、この定説には疑問が出ていました。アメリカの先住民は五つのミトコンドリアＤＮＡハプログループをもっていたことがわかっていますが、このうち四つはアジアに多いもので、残りの一つがヨーロッパとアジアに分布する系統です。アジアの同じハプログループのミトコンドリアDNAとの比較から、**約2万年前に分岐した**ということが計算されています。しかし定説では、アメリカ大陸への進出は1万5000年ほど前のことだとされているのです。その間には、5000年ほどの開離があります。

このギャップを埋める説として提唱されたのが、**「ベーリンジア隔離モデル」**です。現在のベーリング海峡は、氷期にはベーリンジアと呼ばれる陸橋になっていたと考えられています。このベーリンジアに、アメリカ先住民の祖先は数千年にわたって閉じ込められたというのです。

人類は3万年前までにベーリンジアへ進出しますが、その後、最寒期にできた氷床に阻まれて取り残されてしまいます。しかし、分断された人々は、ベーリンジアの厳しい環境に耐え、生き残ったのです。なおベーリンジアには低木なども存在し、食料となる植物も自生、居住可能な環境が整っていたと考えられています。

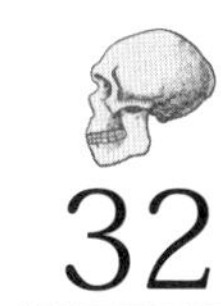

32 アメリカ大陸への到達時期が変わる二つの拡散ルート

アジアに進出したホモ・サピエンスが、シベリアへと移動し、ベーリンジアを通って、アメリカ大陸へと到達したことは、これまでに話したとおりです。では、彼らはいつ頃、新大陸へと渡り、どんなルートで広がったのでしょうか。

従来の説によると、ホモ・サピエンスは1万5000年ほど前にアラスカへと進出。温暖な気候を求めて南下したと考えられていました。この時期はまだ**北アメリカには氷床が発達しており、自由な移動は不可能**でした。しかし、温暖化にともなって北アメリカの氷床が溶け、カナダとアメリカ合衆国の北半分を覆っていた巨大な氷床ローレンタイド氷床とロッキー山脈を中心としたコルディエラ氷床との間に、移動可能な「無氷回廊」が出現。この回廊を使った内陸部の無氷回廊ルートが想定されていました。彼らはクローヴィス型槍先尖頭器と呼ばれる石器を使い、大型の獲物を狩って生活していました。無氷回廊ができた年代や、遺物の放射性炭素年代測定値などから、彼らの北米大陸到達は1万3000年前頃と推定されます。この説を**「クローヴィス・ファースト」**と呼びます。

しかし近年、新たな発見がありました。バージニア州のカクタス・ヒル遺跡やチリのモンテ・ベルデ遺跡から、クローヴィス・ファーストが想定するより古いホモ・サピエンスの遺跡が見つかり、最初のアメリカ人の到着は当初の予想よりもはるかに古い時期だったことが確実視されるようになっています。たとえばモンテ・ベルデ遺跡からは、1万4500年前と推定されるホモ・サピエンスの居住跡が発見されました。この時期にチリのモンテ・ベルデに到達すると考えると、**クローヴィスの時代よりもっと前にベーリンジアを渡る必要がある**と考えられます。近年は人類がアメリカ大陸に渡ったのは遅くても1万5000年前。早いと2万年前との説もあります。また、DNA分析が進んだことで、クローヴィスの時代よりも前にホモ・サピエンスが到達したと考える研究者が多くなりました。

南米到着の時期が早まれば、ルートも再検討が必要です。当時の北アメリカ

アメリカ大陸への進出二つのルート
カクタス・ヒル
ローレンタイド
氷床
コルディエラ氷床
クローヴィス・
ファースト
ベーリンジア
隔離モデルの
場合のルート
無氷回廊
1万5000年前頃
から通行可能
モンテ・ベルデ
1万4500年前の
ものと見られる
住居跡が発見

は巨大な氷床に覆われていました。移動可能な「無氷回廊」はまだ出現しておらず、内陸ルートは選択できません。そこで提案された新たなルートは、**「沿岸」ルート**。小型のボート状の舟でベーリンジア南岸を通り、アメリカ大陸西海岸沿いを南下したとする説です。舟で移動したのであれば、短期間で南米に到達することもできるでしょう。当時のブリティッシュコロンビア州沿岸には氷がなく、海棲哺乳類や魚類が捕れたと考えられ、彼らは海の恵みを得ながら移動を続けたのでしょう。

太平洋岸から100キロメートルほど沖にある**クイーン・シャーロット諸島付近の海底からは1万1500年前のものと想定される石器が見つかっています**。当時は氷期だったため、海水面は今よりも低く、陸地はもっと広がっていたことから、沿岸部を舟で渡った裏づけになる発見ではないかと考えられています。

また、2014年にはモンタナ州西部のアンジック墓地遺跡から発掘された、男性幼児のゲノム解析が行われました。この幼児は1万2707～1万2556年前のものであり、多くのアメリカ先住民の祖先集団に属していたことがわかりました。シベリアのマリタ遺跡の骨ともDNAが共通しており、ヨーロッパ集団との遺伝的つながりも証明されています。今後、出土人骨のDNA鑑定が進めば、さらに拡散ルートが明確になるはずです。

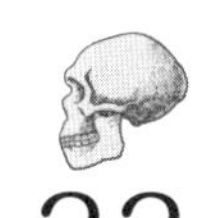

33 あたたかな服と充実の食料 極寒の地での豊かな生活

シベリアやアラスカのような極寒の地は、ホモ・サピエンスにとって過酷な環境です。人々が酷寒の地を目指すことができたのは、小さいけれど大きな発明が寄与しています。その発明は「針」。**針を使い、動物の毛皮を縫い合わせてあたたかな衣服をつくる技術を得たことにより、ホモ・サピエンスはシベリアや極地での生活が可能となった**のです。

針の発明は、一説によると3万〜4万年前の東シベリアだったといいます。初期の針は骨や角を加工したもので、糸を通す穴はなく、糸を結びつけて使っていたといいます。骨角器では毛皮に穴が開きませんので石錐で穴を開け、そ

シベリアの食生活

カラ・ボムから出土した動物の骨

ウマ　ケブカサイ
バイソン　ヤク
アンテロープ　ヒツジ
ホラアナハイエナ
タイリクオオカミ
マーモット　ノウサギ
など

の穴を通していました。日本でも、長野県の栃原岩陰（とちばらいわかげ）遺跡から、約1万年前の鹿角製の縫い針が発見されています。

衣服は化石にならないため、繊維片や壁画、衣服に寄生していたシラミなどの間接的な証拠をもとに研究が進められています。**2万5000〜3万年前にはすでに複雑な衣服がつくり始められており、**ホモ・サピエンスは工夫して暖を取り、自らを飾っていたと考えられています。

寒冷地での食生活はどうだったのでしょうか。当時は狩猟や採集が中心です。寒冷地では哺乳類のサイズが大きくなるという、ベルクマンの法則のとおり、シベリアやアラスカでは大型の哺乳類が多数生息していました。また降雪時期には足跡も残るため、**狩猟もしやすく、低温を利用した長期保存もできるなど、狩猟生活は豊かだったと**考えられます。

また氷期が終わり、ある程度水面が上昇した後は、海や湖の生物も捕獲できたでしょう。シベリアやアラスカは、衣服や住居の工夫によって、寒さに耐えられるならば、比較的生活しやすい土地だったのです。

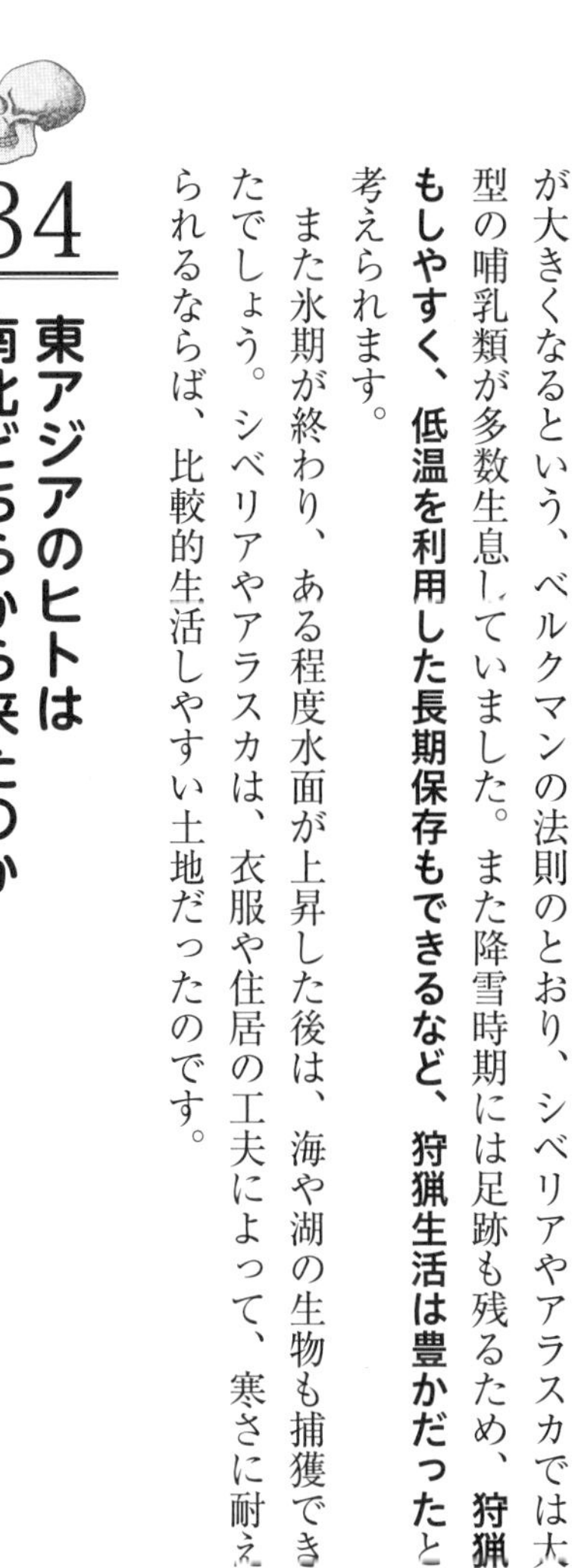

34 東アジアのヒトは南北どちらから来たのか

出アフリカ後の、ホモ・サピエンスの初期拡散。「日本人はどこから来たのか」に関わる重要な地点である東アジアへは、いつ頃、どのような経路で流入が起こったのでしょうか。**東アジアへの到達時期は、３万５０００年前頃まで**との説があります。しかし5万年前にはすでに到達していたとする説や、10万年前という説など、時期についても議論が活発です。この地域にはほとんど障害となる地形がないため、内部でかなり複雑な人の移動があったらしく、問題を難しくしています。

10万年前説を裏づけるのが、中国南東部の智人洞で発見された下顎骨です。この骨は2010年末に「旧人と混血したかもしれない、10万年前のホモ・サピエンスの化石」だと報告されました。新人的な特徴はありますが、人骨が非常に断片的であることや、他の証拠が示す時期と比べて極端に時期がさかのぼることから、懐疑的な見方が有力です。

北京原人の化石が見つかったことで、世界遺産にも登録されている北京南西部・周口店にある田園洞遺跡からも、2001年にホモ・サピエンスの部分骨格化石が発見されています。放射性炭素14年代測定法を用いて年代測定をした結果、4万年前のものだとわかりました。この証拠が正しければ、少なくとも4万年前には東アジアへと進出していたといえそうです。2013年にはこの骨のDNA解析結果が報告され、ミトコンドリアDNAハプログループからアジア人の祖先と見なせるという結論も出ています。

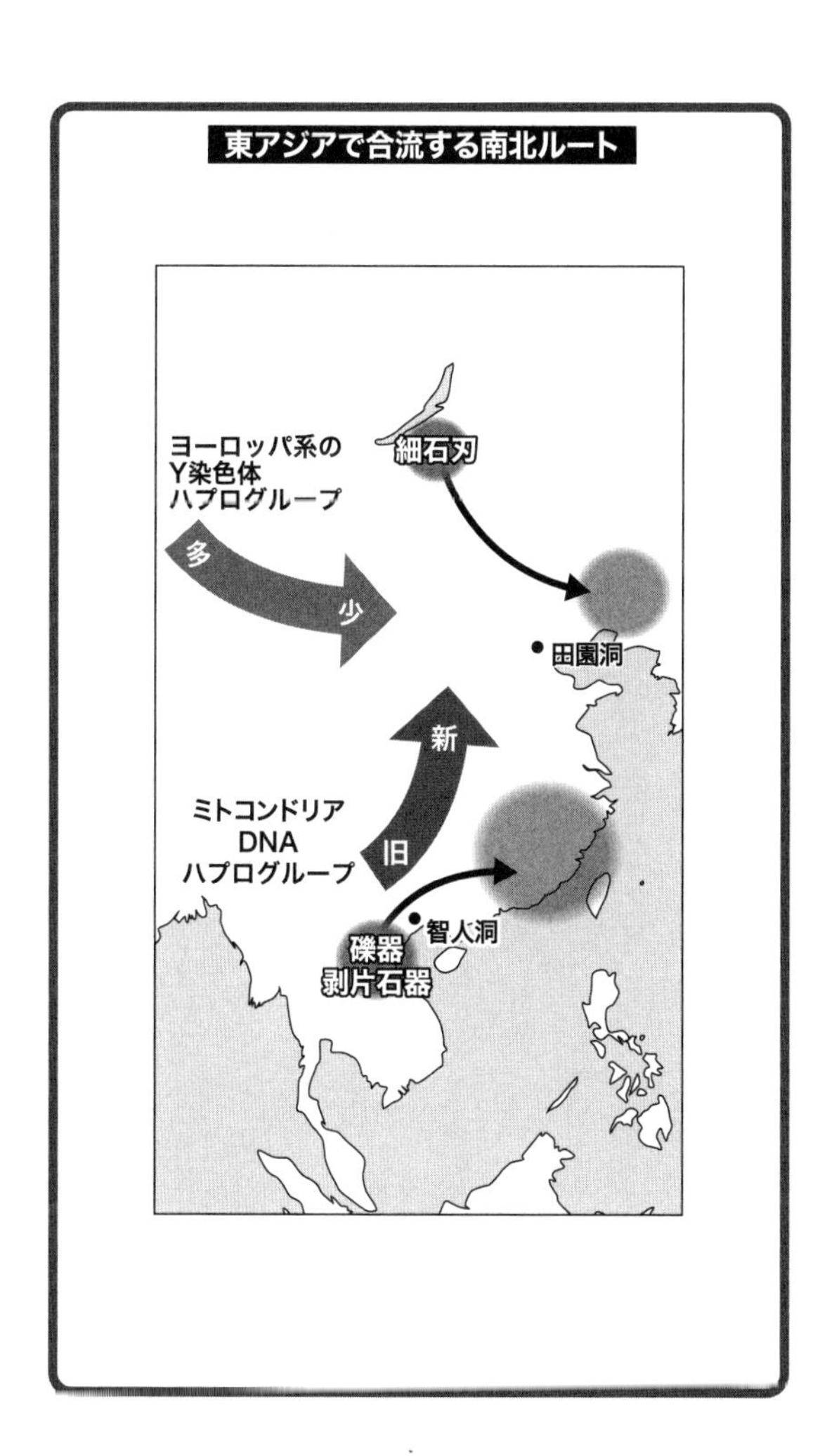
東アジアで合流する南北ルート
ヨーロッパ系の
Y染色体
ハプログループ
多
少
細石刃
田園洞
新
旧
ミトコンドリア
DNA
ハプログループ
智人洞
礫器
剥片石器

移動経路はどうでしょうか。問題となるのはヒマラヤ山脈です。この難所をどう越えたのかによって、ルートが特定できそうです。海部陽介は、世界各地の遺跡年代の分布を検証し、**ヒマラヤ山脈を南北に避けるようにして、同時に拡散していった**というモデルを提唱しています。

南を通り東南アジアに至るルートは、礫器や不定形剥片石器などと呼ばれる、石を割ってつくった素朴な石器を利用していることが特徴です。これらは、中国南部や台湾など、多くの遺跡から発見されています。石器のみですから証拠には乏しいですが、東南アジアを通る南ルートから東アジアへと到達している可能性が考えられます。

北ルートではシベリアへと到達した人々が、モンゴルから中国、そして朝鮮半島まで移動した痕跡が発見されているのです。モンゴルの北部、ロシアとの国境付近から、少なくとも4万1000年前の複数の旧石器時代の遺跡が見つかりました。この遺跡の特徴は、南シベリアで見られるのと同じ「石刃技法」と呼ばれる製作技術を使った石器が発見されていること。高度な技術が共通していることから、北ルートでの流入が予測されます。同じ石刃石器は中国や朝鮮半島でも発見されています。

現代人のミトコンドリアＤＮＡを比較すると、中国では南部に行くほど多様性が大きいという結果が出ています。これは南から北へのヒトの移動を示すものです。ハプログループも南のものほど成立年が古いことがわかっています。**ゲノムの解析も、南から北へのヒトの流れを支持しています**。一方でＹ染色体の調査では、**東欧に見られるハプログループも見つかっています**。つまり、**南が主流だが西からの流入もあった**ということが示されました。ただし多くのＤＮＡデータは現代人のものですから、東西の交流の時期はわかりません。全容を解明するためには古人骨に残るＤＮＡ研究をさらに進めることが必要です。

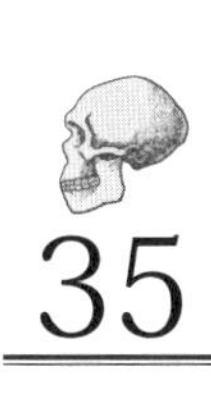

35 人類史上の大発明 農耕の獲得でヒトの生活は大きく変化

1万年前頃、ホモ・サピエンスは「農耕」を手に入れました。「狩猟・採集」生活から、稲や麦などを栽培する農耕生活への変化が始まったのです。農耕に

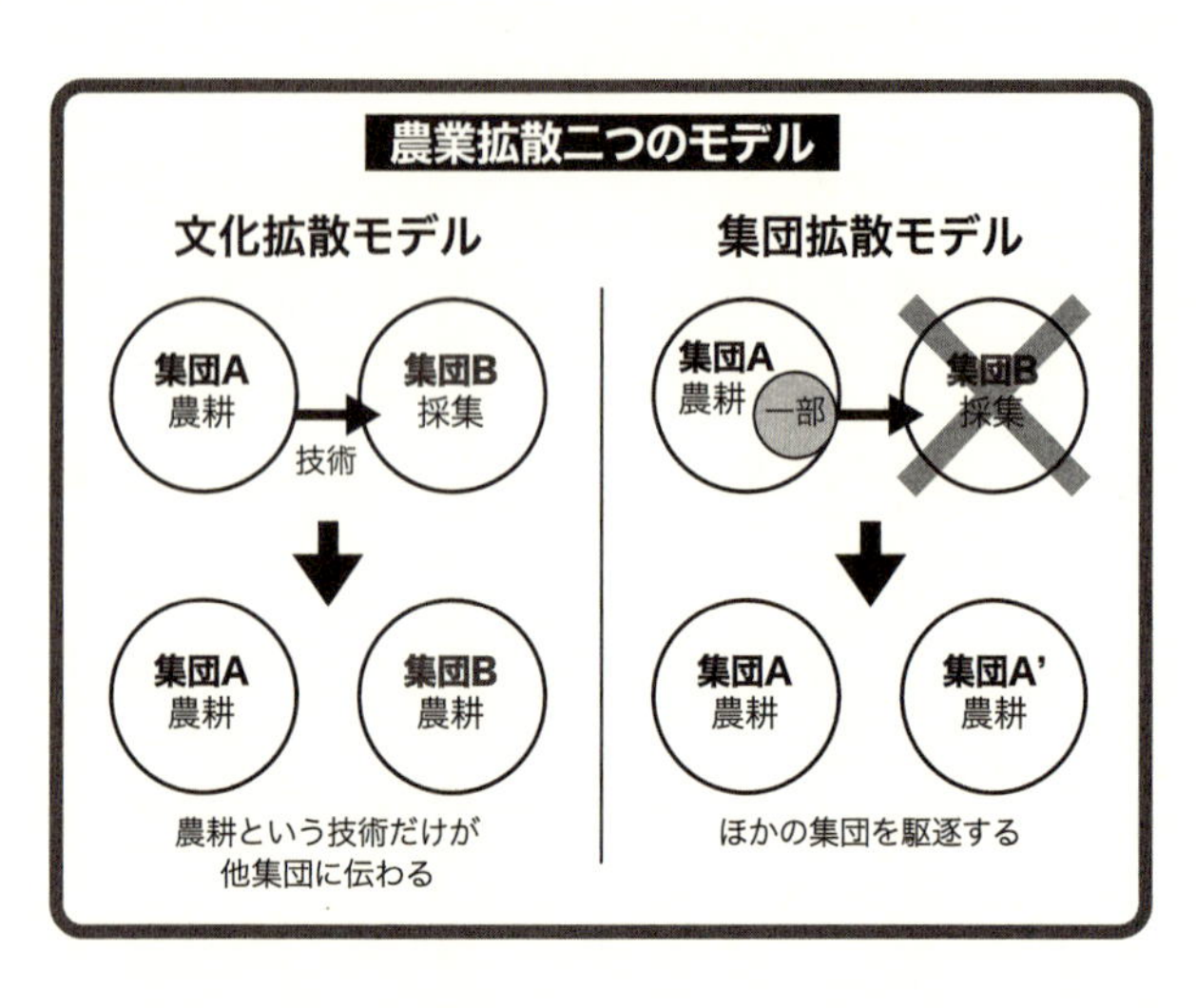

よって、人々は安定した食料需給を得て、その数を増やすことができました。しかし同時に、土地の重要性が増し、もてる者ともたざる者の差、つまり貧富の差や身分の差も生まれました。この「農業革命」は世界各地で多発的に起こったといわれています。

農耕による人口の増加は新たな人類拡散の契機にもなりました。約6000年前に、東アジアからインドへ農耕文化を伴うヒトの進出があったらしいことは有名です。農耕の拡散には二つの考え方があります。一つは農耕の知識だけが伝播し、もともと住んでいた人々が農耕文化を受け入れて、狩猟生活から農耕生活に切り替える「文化拡散モデル」。もう一つは農耕民が採取狩猟集団を駆逐しながら拡散していく「集団拡散モデル」です。

ただ実際には二分できるものではなく、集団拡散モデルをベースに在地の人々を巻き込んで拡大する、「ハイブリッドモデル」が主流だったと考えられます。

たとえば、私たちが分析した4000年ほど前の農耕拡散期の遺跡であるベトナム北部のマンバック遺跡の人骨に残ったミトコンドリアDNAからは、東南アジアを中心にした特徴と、東アジアに特徴的なものが混在していたことがわかり、ハイブリッドモデルの農業拡散があったことが読み取れました。

また、アフリカのバンツー語族の調査などから、**農耕と言語の伝播が密接に関わっている**ことが示唆されています。文化や生態は、考古学的な資料と人骨両面の調査を行うことで、深い洞察が得られるのです。

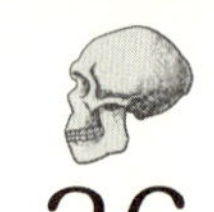

36 人類最後の大規模初期拡散 広大な海を越えて南太平洋へ

人類最後の初期拡散は、太平洋の島々へと渡るものでした。南太平洋はニューギニアからフィジーまでを含むメラネシア、そしてメラネシアの北側、グアムやパラオも含むミクロネシア、さらに残りの広大な海域、イースター島やニュージーランドも含んだポリネシアに分かれています。パプア・ニューギニアの大部分とオーストラリアは別にして、この地域のほぼすべての島に祖先を同じくする人々が住んでおり、**共通する言語と文化が根づいています**。18世紀に島へと到達した西洋人は、その共通性に驚愕したのです。この同系の言語をもつ人々を**「オーストロネシア語族」**と呼んでいます。その足跡については言語や遺物、DNAなど、多彩なアプローチで、研究が進められています。

オーストロネシア人は、6000〜5000年前以降に移住を始めたというのが定説です。最初に南太平洋に進出した人々のもっていた文化は「ラピタ文化」と呼ばれ、この特徴が見られる遺跡の年代を追っていくと、ビスマルク諸島に始まり、おおむね西から東へ向かって拡散していったことがわかっています。

　では、彼らはどのように移住を進めていったのでしょう。言語学的には台湾先住民の使うオーストロネシア語の多様性が大きく、最も古いと考えられていることから、台湾がオーストロネシア語族の源郷との学説があります。これに考古学的な証拠を踏まえた、**「出台湾」モデル**が定説となっています。この説によれば、中国南部に住んでいた農耕民族が台湾へと移住し、6000〜5000年前に台湾を出て、3400年前頃にはメラネシアのビスマルク諸島へと到達。この地でラピタ文化が発展しました。さらに3200年前にはポリネシアへと移住し、長い時間をかけて各島へと到達・定住したとされるのです。およそ1500年前までには、現在と近い分布が完成したといいます。このオーストロネシア語族の拡散をもって、地球上での主要な人類の拡散が終わりを迎えました（12ページ参照）。

　Y染色体やミトコンドリアDNAを用いた解析でも、おおむね出台湾モデルは支持されています。とくにポリネシア人のミトコンドリアDNAには「ポリネシアモチーフ」と呼ばれる特異的な塩基配列があり、そこに至る変化が台湾からポリネシアに向かっているように見えることが、その根拠となりました。

さらに古代ゲノムの解析が進むと、バヌアツとトンガのラピタ文化の遺跡から出土した3000年前の人骨のゲノムが台湾にルーツをもつことが明らかになりました。彼らはメラネシアの人々と混血することなくリモート・オセアニアに展開したこともわかっています。しかしその後の2500年前頃の人々のゲノムは、現在のバヌアツの人々と同じように、大部分がパプアニューギニアにルーツをもつメラネシアの人々のゲノムで占められており、台湾由来のゲノムはわずかなのです。バヌアツでは最初の人類到達から500年ほどして、集団の置換に近い情況が起こったようです。

ポリネシアの人々のDNAを解析すると、Y染色体の過半数はメラネシアの系統なのに対し、

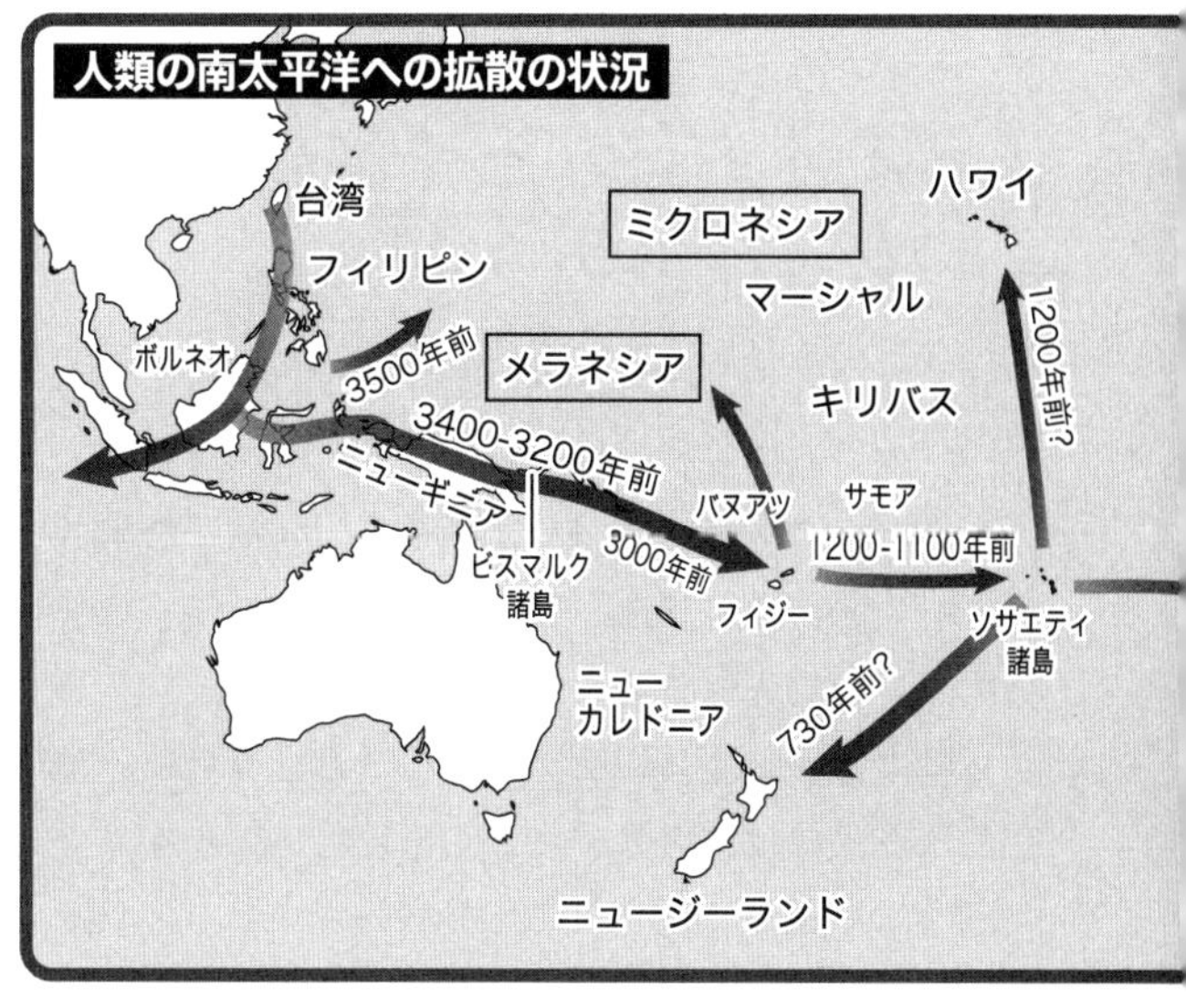

人類の南太平洋への拡散の状況

ミトコンドリアDNAの大部分は東南アジアの系統であることがわかっています。すでに説明しているように、ミトコンドリアDNAは母系で継承され、Y染色体のDNAは父系で継承されます。つまり、オーストロネシア語族の拡散では、由来の違う男女が一緒に動いたということになります。どのような状況でそんな事態が起こるのかはわかっていませんが、拡散の様相の移り変わりを知るための手がかりになるはずです。

Column

オオカミからイヌへの進化の道筋

イヌはオオカミから進化したことがわかっていますが、ゲノムの解析が進んだことで、その詳しい道筋がわかってきました。およそ2万年前に、日本のイヌを含む東アジアのイヌは、洋犬などのヨーロッパのイヌの祖先と分岐したと推測されています。しかし両者は歴史時代の交流を通じて混ざり合い、現在の日本犬には洋犬のゲノムが含まれています。その割合は秋田犬と紀州犬で36パーセント、柴犬では45パーセントだとされています。

日本列島には1万年前の縄文時代からイヌがいましたが、その骨のゲノム解析から、縄文犬はニホンオオカミからゲノムを受け継いでいることが判明しています。このオオカミとの交雑は、縄文犬の祖先が日本に入る前に一度だけ大陸で起こったと考えられています。日本列島のイヌは縄文犬を祖先としていますが、その後も大陸からイヌが入ってきて、縄文犬のゲノムはじょじょに失われていきました。

3章

解き明かされる日本人の成立史

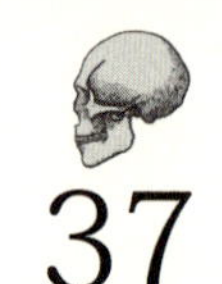

37

「日本人はどこからやって来たのか」を考える

1章および2章で見てきたように、およそ700万年前にアフリカで誕生した人類の祖先は長い歳月をかけて進化を遂げながら世界中に拡散していきました。そのなかで、最後にアフリカを出たホモ・サピエンスのなかから日本列島にたどり着いた集団がいて、私たち日本人の祖先となったわけです。この3章では私たち日本人がどのような経緯によって誕生したのかを考えていくことにしましょう。

「日本人はどこからやって来たのか？」という問いに対する答えは、昔から多くの人によって語られてきました。日本人のアイデンティティに関わることでもあるので、たくさんの人が興味をもっているのだと考えられます。

ところで、日本人のルーツというとみなさんの多くが縄文人をイメージするのではないでしょうか。人類学に興味のある人なら、縄文人の特徴としては「顔は彫りが深く、身長は小柄」といったものが思い浮かぶと思います。現代の日本人のなかにもそうした特徴を備えた人はいますが、当然のことながら、すべての日本人がそうだとはいえません。

その理由について**「大陸から渡来した人々と縄文人との混血によるもの」という説を唱えたのが人類学者の埴原和郎**（はにはらかずろう）です。彼の説は**「二重構造モデル」**として知られています。

二重構造モデルの概要は、次のようなものとなります。「日本列島にはまずアジア大陸の南方から旧石器人がやって来て、その後、縄文人になった。次に大陸の北方から稲作技術をもった人々が朝鮮半島を経由してやって来て、これが弥生人となった。両者はやがて出会い、混じり合うことで現代の日本人を形成することになった。ただし、北海道と沖縄は稲作の到達が遅れたので、縄文人の特徴が強く残っている」。

この説は多くの学者によって支持されていますが、しかし一方で問題点もあります。それは、**縄文人を同一の集団であると見なしている点**です。アジア大陸の南方から日本列島に来た人たちが北海道から沖縄まで広がっていき、均一的な縄文文化圏が確立されていたという考えを前提としているのです。しかし冷静に考えると、そこには少なからず無理があることがわかるのではないでしょうか。そもそも南北に広がる日本列島に同じ地域にルーツをもつ縄文人だけが住んでいたと考えるのは非現実的な話です。むしろ**さまざまなルーツをもつ人たちがいたと考えるほうが自然**だといっていいでしょう。

実際、現代日本人のもつミトコンドリアDNAを調べると、そのハプログループは20種類以上にもなり、けっして同一のルーツをもっているわけではないことが予想されます。東南アジアや大陸中央部、北方、さらに日本列島でしか見られないミトコンドリアDNAがあるなど多様な広がりをもっているのです。「日本人はどこからやって来たのか?」という問いは、正しくは「日本人になった祖先たちはどこからやって来たのか?」にしたほうがいいのかもしれません。

なお、大陸から日本列島に至るルートとしては「シベリアから北海道を通ってくるコース」「朝鮮半島から対馬を経由してくるコース」「台湾から琉球列島を渡ってくるコース」などが考えられます。このうち人骨の証拠が見つかっているのが「台湾～琉球列島コース」。これに関しては別項目（144ページ参照）で詳しく紹介しますが、**日本人の祖先となる人々が複数のルートを利用した可**

列島への三つのルート

シベリアからのコース
約2万年前の最終氷期最寒期、地続きになった樺太経由で拡散か。

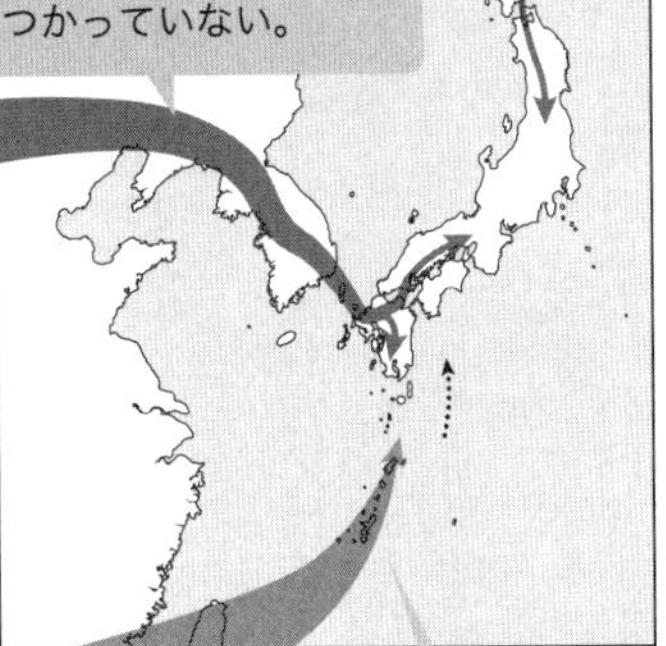

朝鮮半島からのコース
約4万年前からたびたび往来があったことは石器などの証拠からは明らか。ただし、人骨は見つかっていない。

台湾からのコース
約4万年前に渡来。唯一人骨が見つかっているルート。

能性があるということは強調しておきたい点。それが日本人の多様性にもつながっていると考えられるのです。

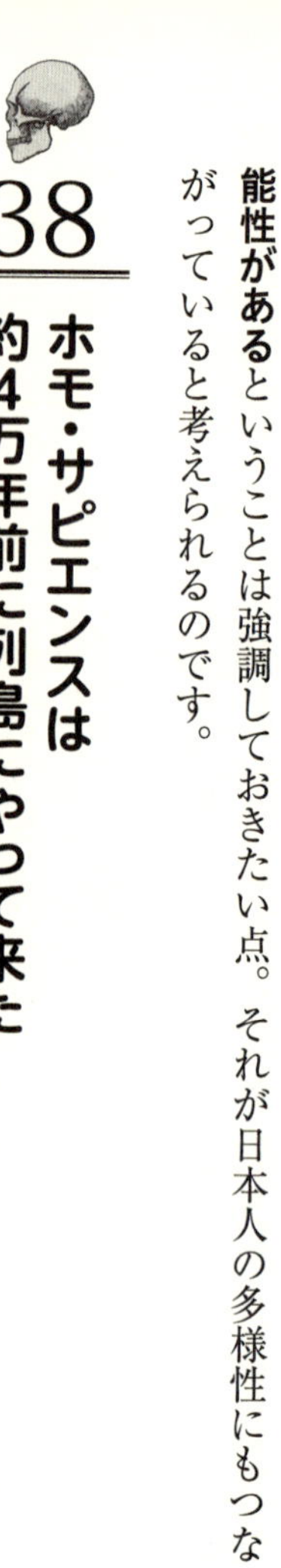

38 ホモ・サピエンスは約4万年前に列島にやって来た

日本列島にホモ・サピエンスたちが足を踏み入れたのは約4万年前ということが定説になっています。時代区分でいえば、後期旧石器時代にあたります。

なぜ約4万年前と特定できるのかといえば、この時期以降につくられたと見られる旧石器時代の遺跡が数多く発見されているためです。現在、日本国内で記録されている旧石器時代の遺跡は1万箇所以上にのぼります。これらのうち約500の遺跡が3万年前より古いものとされているのです。そのなかで、最も古いとされているのが「石の本遺跡群（熊本県）」「井出丸山遺跡（静岡県）」「貫ノ木遺跡（長野県）」。いずれも3万8000〜3万7000年前のものと推定されています。つまり約4万年前というわけですね。

それ以前の時期の遺跡は見つかっていないというのが学界での基本的な考え。もちろん、これから発見される可能性もありますが、今のところ、おそらくこの約4万年前にホモ・サピエンスが日本列島にやって来て住みついたと考えるのが妥当なわけです。

ちなみに、ホモ・サピエンスたちがやって来る以前に、原人などの旧人類が日本列島に来ていたかというと、これは学者のなかでも意見が分かれるところです。「来ていなかった」派の根拠は、化石人骨が見つかっていないこと。今のところ**日本で最古とされる化石人骨は「山下町第一洞穴人」**と呼ばれるもので、沖縄で見つかりました。これは原人ではなく、3万7000年前のホモ・サピエンスの人骨と考えられています。

一方、「来ていた」派は「日本で確認されている遺跡のなかには原人に由来するものがある」と主張しています。先ほど約4万年前以前の遺跡は見つかっていないとされていると述べましたが、すべての学者がそれを支持しているわけでもないのです。なお、以前は来ていたとするのが定説だったのですが、ある事件により変わってしまいました。これについては後述します。

年配の読者のなかには「いやいや、日本には原人はいたはずですよ。学校で習いましたから」という方もいるはず。おそらく頭のなかには「明石（あかし）原人」や「葛生（くずう）原人」「牛川（うしかわ）人」といった言葉が浮かび上がっているかと思います。

しかし残念ながら現在これらの原人の存在は、近年の再調査によって否定されています。日本にはホモ・サピエンスが約4万年前から住んでいたという証拠はあっても、**原人に関してははっきり住んでいたともいなかったともいえない状況**なのです。これらの名前は現在では教科書からも削られています。

ただ、仮に日本列島に原人が到達していたとしても「**そのまま今の日本人に進化したわけではない**」ということは確かでしょう。1章で説明したとおり、ホモ・サピエンスはアフリカで誕生して世界各地に広がったと考えられるからです。

アフリカでホモ・サピエンスが誕生したのはおよそ30万年前。それから約24万年の歳月をかけてアフリカを旅立ち、さらに2万年かけて彼らは日本列島にやって来ました。日本列島にたどり着いたとき、彼らは道具としてはまだ石器を使っていました。

時代区分概略

年代	世界	日本
約250万年前	旧石器時代 打製石器を用い、磨製石器がない時代。石器の複雑さによって前期、中期、後期に分けられ、後期旧石器文化はホモ・サピエンスによってつくられた。	
約1万6000年前		縄文時代 食料の保存、土器の利用などが始まった時代。本格的な農耕や牧畜を伴わないためヨーロッパの新石器時代とは異なる。
約1万年前	新石器時代 磨製石器が用いられ、土器や農業も始まった。	
約5000年前 約4500年前	青銅器時代 鉄器時代 石器時代の後、それぞれ、青銅器と鉄器の利用が始まった時代。	
約3000年前		弥生時代 稲作が伝わったことによって本格的に農業が行われるようになった時代。後期には青銅器や鉄器の利用も始まる。

土器を使い始めるのは、それから約2万4000年後のこと。ここから「縄文時代」が始まるわけです。なお、「旧石器時代の次は新石器時代では？」と思う人もいるでしょうが、縄文時代の特徴は、新石器時代の定義に当てはまらないので、区別するのが一般的です。ヨーロッパで生まれた文化区分の概念をそのまま日本に当てはめることはできないのです。

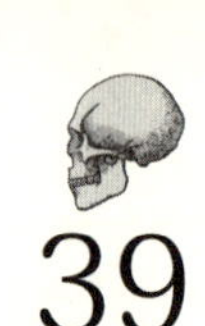

39

4万年前の地球は氷河期 海面は今より低かった

ホモ・サピエンスたちは中国大陸を経由して日本列島にやって来ました。そういうと、まず思い浮かぶ疑問は「どうやって？」ではないでしょうか。四方を海に囲まれた日本列島。そうそう簡単に渡ってこれるものではありません。しかし、その「難事業」を私たちの祖先は成し遂げたのです。

彼らがやって来たのは約4万年前。最初のルートは、遺跡の分布状況から考えて、朝鮮半島から対馬を経由して九州に至るものだったと推定されます。

2万年前の海岸線

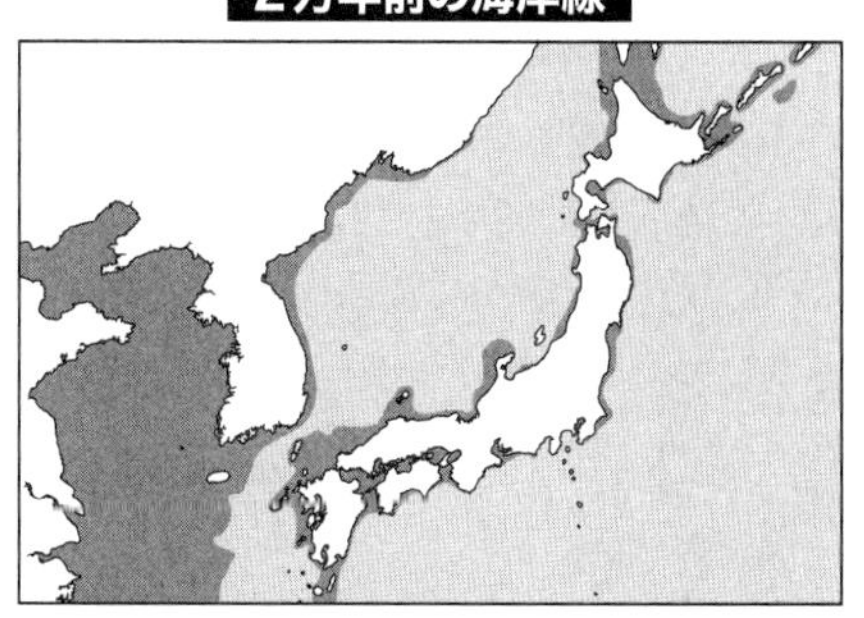

現在の水深から考えられる2万年前の海岸線。一時期信じられていた列島南西部が陸橋になっていたという説は、見直そうという向きが強い。

当時の地球は氷期の最中。氷期には北極や南極、高山などに氷が大量に堆積し、海に入り込む水が少なくなるため、結果として海面は低くなります。これを「海退期（かいたいき）」といいますが、約4万年前の昔はまさにその状態にあったのです。海面は今より約80メートル程度低かったと考えられており、**対馬海峡もかなり狭くなっていました**。

最初に日本本土の土を踏んだ人々は、この狭くなった海峡を越えてやってきたようです。沖縄も、ヒトが日本列島に到達した時代には台湾や大陸、そして九州と陸続きになったことはありません。ヒトは海を越えてやってきたのです。

ちなみに、当時、**北海道は大陸と地続きになっていました**が、こちらのルートでヒトがやって来たのは対馬ルートの数千年後と考えられています。最近で海面が最も低くなったのは約2万年前で、日本列島近辺の海面は今よりも約120メートル低かったと考えられています。その後、氷期は終わりを迎え、気温の上昇とともに氷が溶けて海面も上がっていきました。約5000年前には現在よりも4メートル以上海面が高くなり、関東平野の大部分は海の底に沈んでいたほどです。

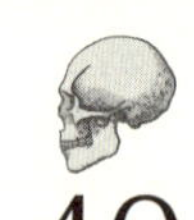

40 最初に日本にやってきた集団は滅んでしまった可能性も

先述したように日本最古の人骨は沖縄で見つかりました。より詳しくいえば、1960年代の終わりに沖縄県那覇市山下町の第一洞穴という場所で発見されています。

この骨は6～7歳くらいの子どもの大腿骨および脛骨と考えられています。時代的には**3万7000年ほど前の骨**です。「山下町第一洞穴人」と呼ばれているこの人骨は一部の骨しか見つかっていませんが、頭部を含む全身の**骨格がそろっている状態で発掘されたのが「港川人(みなとがわ)」**。同じく沖縄本島で発見され、年代的には約2万年前のものとされています。

沖縄は化石人骨の宝庫です。後述しますが日本本土では一番古いもので1万8000年前のものしか出土していないことを考えれば、化石の保存にとっていかに良好な環境かわかるでしょう。沖縄は全体的に石灰岩地帯であり、化石が残りやすいのです。

では、この約2万年前に沖縄にたどり着いた港川人たちは、いったいどこからやって来たのでしょうか？　港川1号人骨については、ミトコンドリアDNAの全配列が決定されています。その系統は**アジアの現代人がもつハプログループ(30ページ参照)の最も根幹に位置するもの**でした。このことから港川人は**東アジアにやってきたホモ・サピエンスの最も初期のグループから派生したと**考えられます。東アジアへの人々の移動は東南アジアを経由したと予想されますから、港川人も中国の南部などから琉球列島にたどり着いた可能性が高いと考えられます。

では、最初に到達した人たちがそのまま沖縄エリアに定着したのかといえば、断言はできません。それどころか、現状では彼らは**沖縄で滅亡してしまった可能性もある**のです。

港川人のハプログループは、アジアの集団の根幹に位置するので、直接現代の日本人の祖先であるということを意味していません。石垣島の白保竿根田原（しらほさおねたばる）洞穴遺跡からは、旧石器時代から近世までの人骨が連続して出土してるのですが、4000年前よりも新しい時代になると、現代の沖縄に多いハプログループが出現し、連続性が認められないのです。

沖縄本島では港川人と貝塚時代（本土の縄文時代に相当）の一番古い人骨の間には、約1万年の空白期間があります。さらに、琉球列島に住む現代人のゲノムを解析した研究報告からは、その祖先集団の成立が1万年前まではさかのぼらないという結論も導かれています。今あるデータからは沖縄の旧石器時代人が現代人に連続している可能性は低いといわざるをえません。ただ、今後新

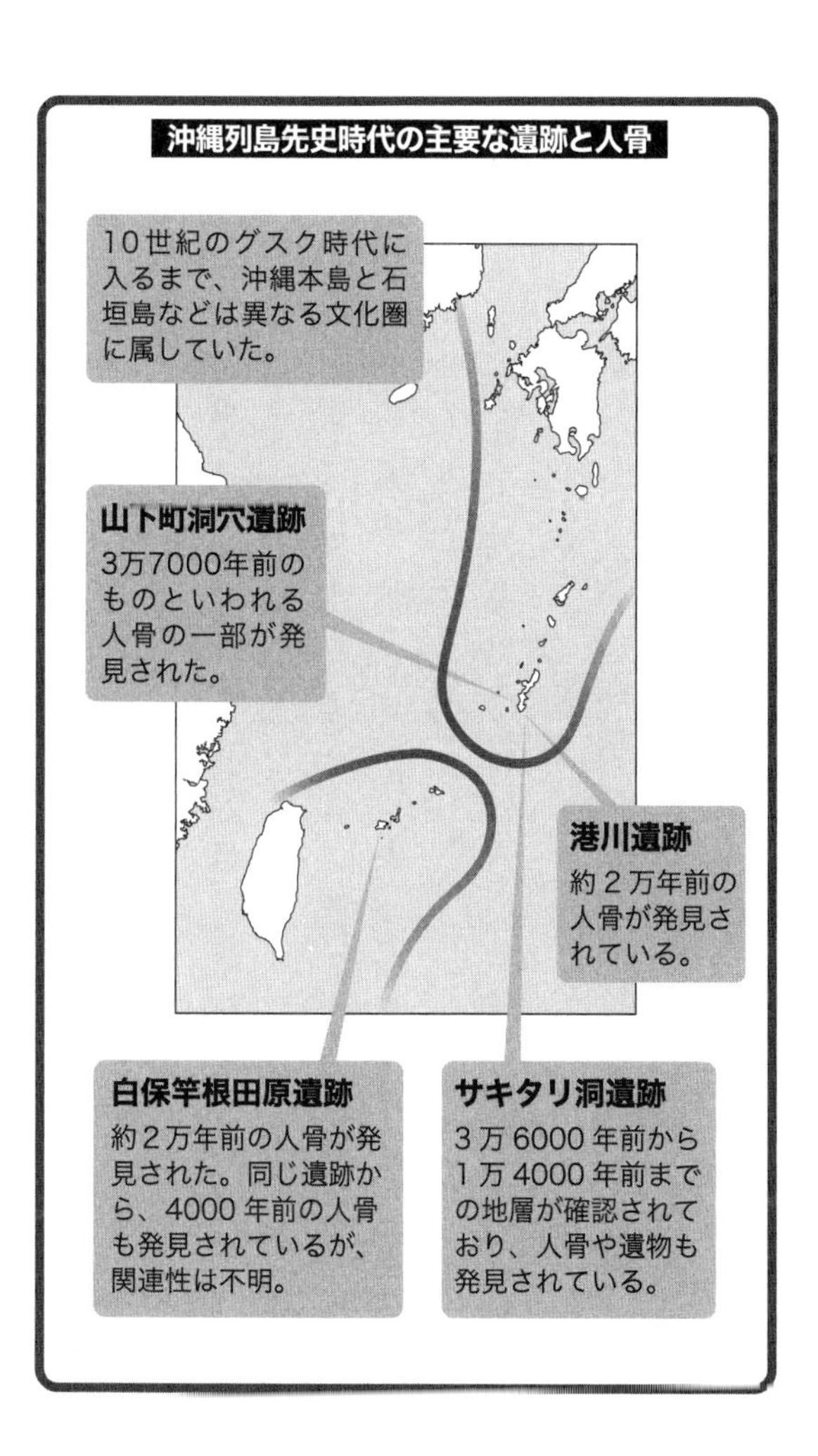
沖縄列島先史時代の主要な遺跡と人骨
10世紀のグスク時代に入るまで、沖縄本島と石垣島などは異なる文化圏に属していた。
山下町洞穴遺跡
3万7000年前のものといわれる人骨の一部が発見された。
港川遺跡
約2万年前の人骨が発見されている。
白保竿根田原遺跡
約2万年前の人骨が発見された。同じ遺跡から、4000年前の人骨も発見されているが、関連性は不明。
サキタリ洞遺跡
3万6000年前から1万4000年前までの地層が確認されており、人骨や遺物も発見されている。

たな発見があれば、それに応じた見解が生まれるでしょう。とくに沖縄本島南部の**サキタリ洞遺跡からは時期の異なる旧石器時代の人骨が何体か見つかっており、その解析に期待が集まっています**。

また、日本では長らく、港川人（とそれに類する人々）が北上して日本列島の本土にたどり着き、やがては縄文人になったのだろうという**「縄文人南方起源説」**が、多くの学者に信じられてきました。港川人が発見された当時の復元では、額が狭く、頬骨が横に張り出した顔になっており、縄文人の特徴を備えていると結論づけられたのです。東南アジア起源の縄文人と、後からやってきた北東アジア起源の弥生人が混血して現代日本人が形成されたという「二重構造説」も、この説を前提にしていました。

しかし近年、新たな人骨の発見や議論が進んだことにより、この見解を見直す動きが強くなっています。根拠とされた港川人の相貌についても、海部陽介らのグループによる復元結果は、南方集団に近縁で、縄文人との類似性はそれほど強くありません。先述した港川人骨のミトコンドリアＤＮＡ解析の結果も、これを支持するといえそうです。

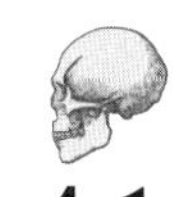

41
縄文期の沖縄のDNAは今も脈々と受け継がれている

貝塚時代後期（本土では弥生時代から平安時代）以降については、それほど多くの人骨が出土しているわけではありませんが、琉球大学や沖縄県埋蔵文化財センターの協力による研究で、この時代の人骨のミトコンドリアDNAに、現在の沖縄人に多く見られるハプログループがすべてそろっていることを確認できました。これは、**この頃に現在に続く沖縄人の基礎が形づくられ始めたこと**を示唆しています。また、最近の核ゲノム研究でも貝塚時代後期から本土の日本人との混血が進んだことがわかっています。中世（グスク時代）になると、現代の沖縄の人々と遺伝的には同じ人が現れます。

つまり、この時期には**本土と沖縄の間に遺伝的な交流があったと推測される**のです。その後、10世紀にかけて本格的な農業や城（グスク）の建設が行われるようになり、グスク時代に移行します。この時代にかけて、本土から移住し

ハプログループの構成は大きく変わっていない

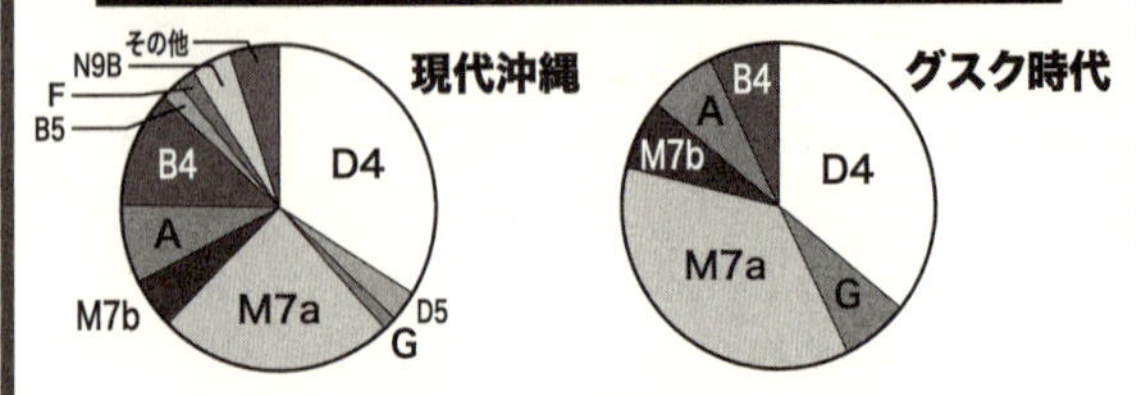

D4……現代の本土日本人の主体を成す、渡来系弥生人由来のハプログループ。

M7a……縄文を代表するグループ。本土にも分布するが、7パーセント程度で西に向かうほど比率が増える傾向。

G,A……北東アジアに多い。

B4……台湾の先住民に多く、太平洋沿いに分布する。オーストロネシア語族（134ページ）との関係性が考えられる。

てきた集団と先に沖縄に住んでいた集団は混じり合い、今の琉球列島社会が完成されたのでしょう。

ただ、この移住は本土の縄文から弥生時代の変化に比べるとゆるやかなものだったようです。現代の沖縄と本土のヒトたちのミトコンドリアＤＮＡを比べると、沖縄のヒトたちだけに多いハプログループが確認できます。また、理化学研究所や琉球大学のグループによるゲノム解析でも、**沖縄と本土の集団の間には遺伝的に違いがある**という結果が出ました。海の存在や、沖縄が稲作農耕に適さなかったことで、移住が遅れたことが大きく関わっているのでしょう。

ただし、この時代のヒトの移動を結論づけるには、まだ試料が十分とはいえません。今後、ゲノム解析が進むことで、もっと詳細な集団の移動が見えてくることでしょう。

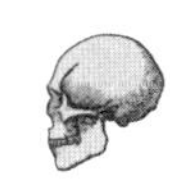

42 北海道縄文人は北東アジアと強くつながっている

北海道にヒトがやって来たと思われるのは、約3万～2万5000年前。この年代の地層から、旧石器時代の遺跡が発掘されています。従来の「二重構造モデル」に従えば、この遺跡を残したのは南方起源の人々だったということになります。しかし3万～2万年前頃といえば、北海道は大陸と地続きでした。**北方から日本列島にたどり着いた可能性を無視することはできません。**

しかし残念ながら、北海道では旧石器時代の人骨はまだ発見されていないため、直接、最初に北海道に来たヒトが何者だったのか、調べることはできていません。ただ、縄文人の人骨は数多く見つかっているため、ここから推測することができます。北海道縄文人のミトコンドリアDNAを調べた結果、東南アジアではなく**ロシア極東地域の先住民にも見られるハプログループが見つかったのです**。

北海道にヒトが流入するのは、時代的にも、氷河時代のなかでも寒さの厳しい氷期にさしかかった頃で、北東アジアから南下する動機は十分にありました。それを考えても南方だけに北海道縄文人の由来を求めるのは無理があるように思えます。

これまで調べられた北海道縄文人は、極めてミトコンドリアDNAの多様性が少なかったという特徴もあります。ハプログループは4種類しか確認できておらず、現代日本人の20種類以上と比べると、その少なさがよくわかります。

これは他の集団との交流がほとんどなく、長期的に孤立している集団に多く見られる特徴です。もし交流していたとしても、その集団も同様の遺伝的構成をもっていたことが想定されます。そして、先述したとおり、北海道縄文人のもつハプログループは現在ではロシア沿海州の先住民などに見られるものです。

これらの解析結果は、北海道縄文人が北東アジアとの強いつながりをもっていたことを示唆しています。

また、北海道の旧石器時代の遺跡から見つかる「細石刃（さいせきじん）」も北海道と北東アジアの関係性を示しています。細石刃は木や骨の柄に複数枚をはめこむようにして使われていたと考えられる石器で、カミソリの刃に似た形状をもっています。

これは同時代に日本本土で使われていたナイフ型の石器とは形状も製法も異なり、明らかに文化の違いが感じられます。日本本土で細石刃が確認されるのは、北海道よりも数千年後のこと。本土から伝わったとは考えにくいといわざるをえません。

この**細石刃の起源地とされるのはバイカル湖周辺**。古代DNA分析からはバイカル湖周辺に住んでいたのはヨーロッパ系の集団とされ、その代表である2万4000年前のマリタ遺跡から出土した人骨の核ゲノムは北海道の縄文人にはつながっていない。彼らから細石刃の製法を学んだ別の北東アジアの人々がこの技術を伝えたのだろうと考えられます。

北海道縄文人の成立は、北東アジアの集団の成立の枠組みのなかで語られる

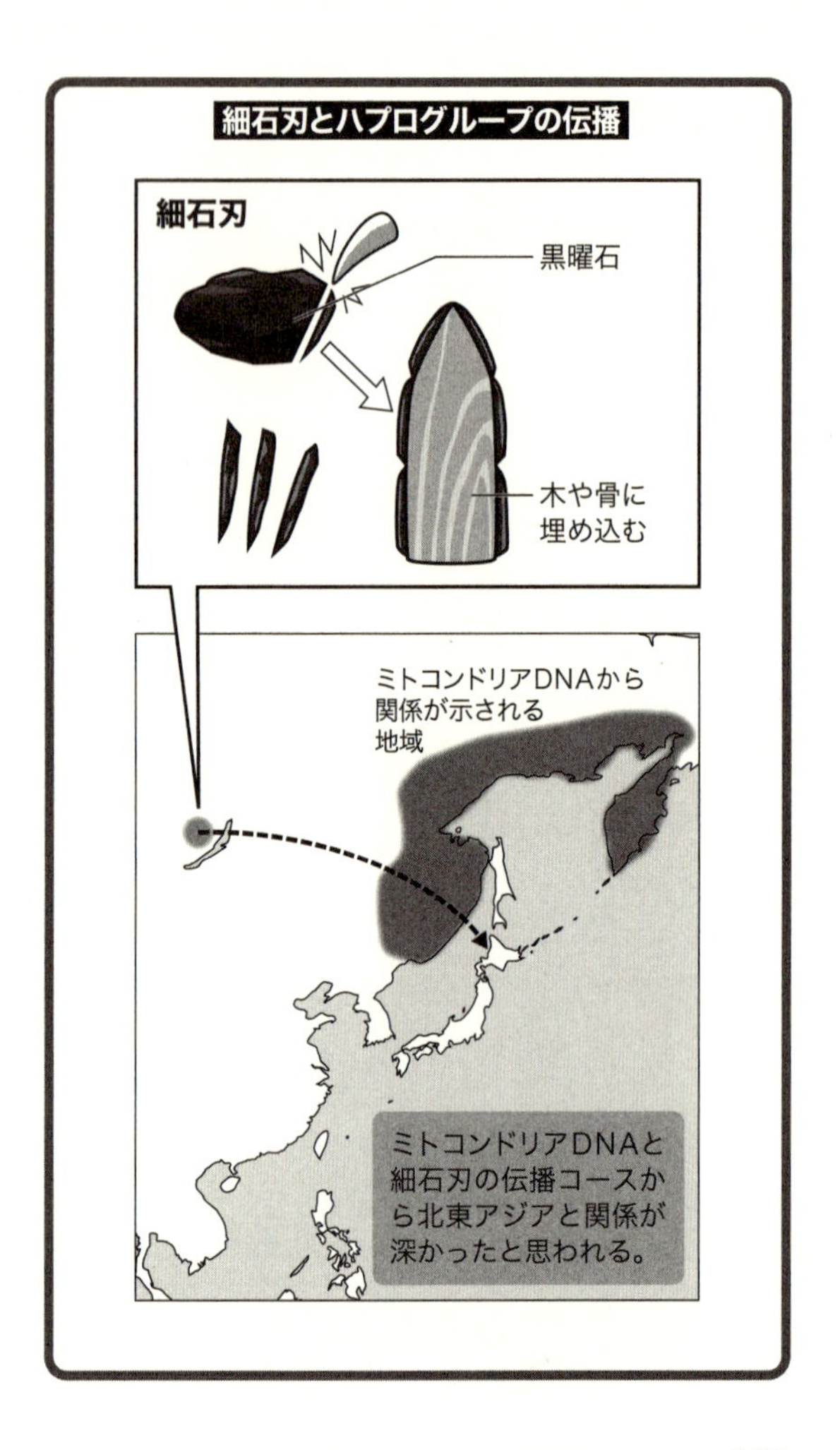
細石刃とハプログループの伝播
細石刃
黒曜石
木や骨に
埋め込む
ミトコンドリアDNAから
関係が示される
地域
ミトコンドリアDNAと
細石刃の伝播コースか
ら北東アジアと関係が
深かったと思われる。

べき存在なのかもしれません。北東アジアでの古人骨の調査が進めば、もっと精緻な北海道集団の成立のシナリオが見えてくることでしょう。

最近では東北地方のDNA分析も進んでおり、北海道とは違う彼らの遺伝的性格も見えてきていますが、一方で共通する要素があることも示されています。

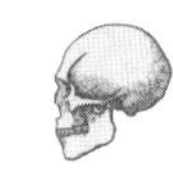

43 大陸側の集団にもルーツをもつ可能性のあるアイヌの人々

従来、アイヌの人たちは渡来系弥生人から遺伝的な影響を受けていない縄文人の末裔とされてきました。しかし、DNA人類学研究の第一人者だった宝来聰の残したアイヌの人たちのミトコンドリアDNAデータを調査したところ、日本人にはほとんど見られない**ハプログループYに属する人が多くいる**ことがわかりました。

そこで、近世アイヌ集団の人骨から抽出したミトコンドリアDNA解析を行ったところ、14種類のハプログループを検出することができました。最も多

北海道住民のハプログループ比率の変遷

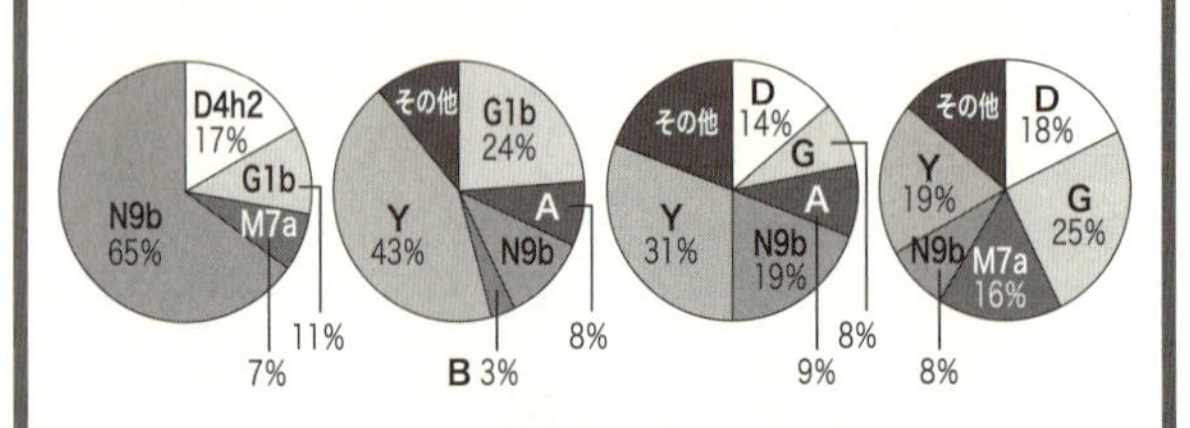

Yのグループは、現在、アイヌとカムチャツカ半島の先住民に多く確認されている。

かったのは宝来氏のデータからも確認されたハプログループY。このグループは**ロシア沿海州の一部やカムチャツカ半島の先住民が属するハプログループで、本土の縄文人からも、北海道の縄文人からも発見されていません。**

これをもちこんだ集団として有力視されているのが**「オホーツク文化人」**。彼らは、アザラシなどの大型海獣の狩猟をなりわいとする漁労民で、ルーツはアムール川下流域にあると考えられています。住まいに熊の頭骨をまつる風習をもち、アイヌの文化にも通じるものがあります。

5～10世紀に北海道のオホーツク沿岸に住んでいましたが、その後、姿を消したといわれています。

そのオホーツク文化人の遺跡から見つかった人骨のミトコンドリアDNAを調べたところ、ハプログループYやGなど、アイヌの人たちに特徴的なタイプを有していたことがわかったのです。彼らが遺伝的な影響を与え、今のアイヌの人たちにつながっていると考えられるのです。アイヌの人たちは日本列島の周辺集団と捉えるよりも、むしろ**ユーラシア大陸北東部との関わりの深い集団と考えるべき**なのでしょう。なお、最近の核ゲノムを用いた研究では、北海道のアイヌ集団は70パーセントの遺伝子を縄文人から受け取っていることがわかっています。

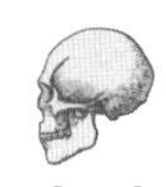

44

明石原人はホモ・サピエンスだった！消滅した国内の原人遺跡

かつて日本では「わが国には原人が住んでいた」と信じられていた時代があ

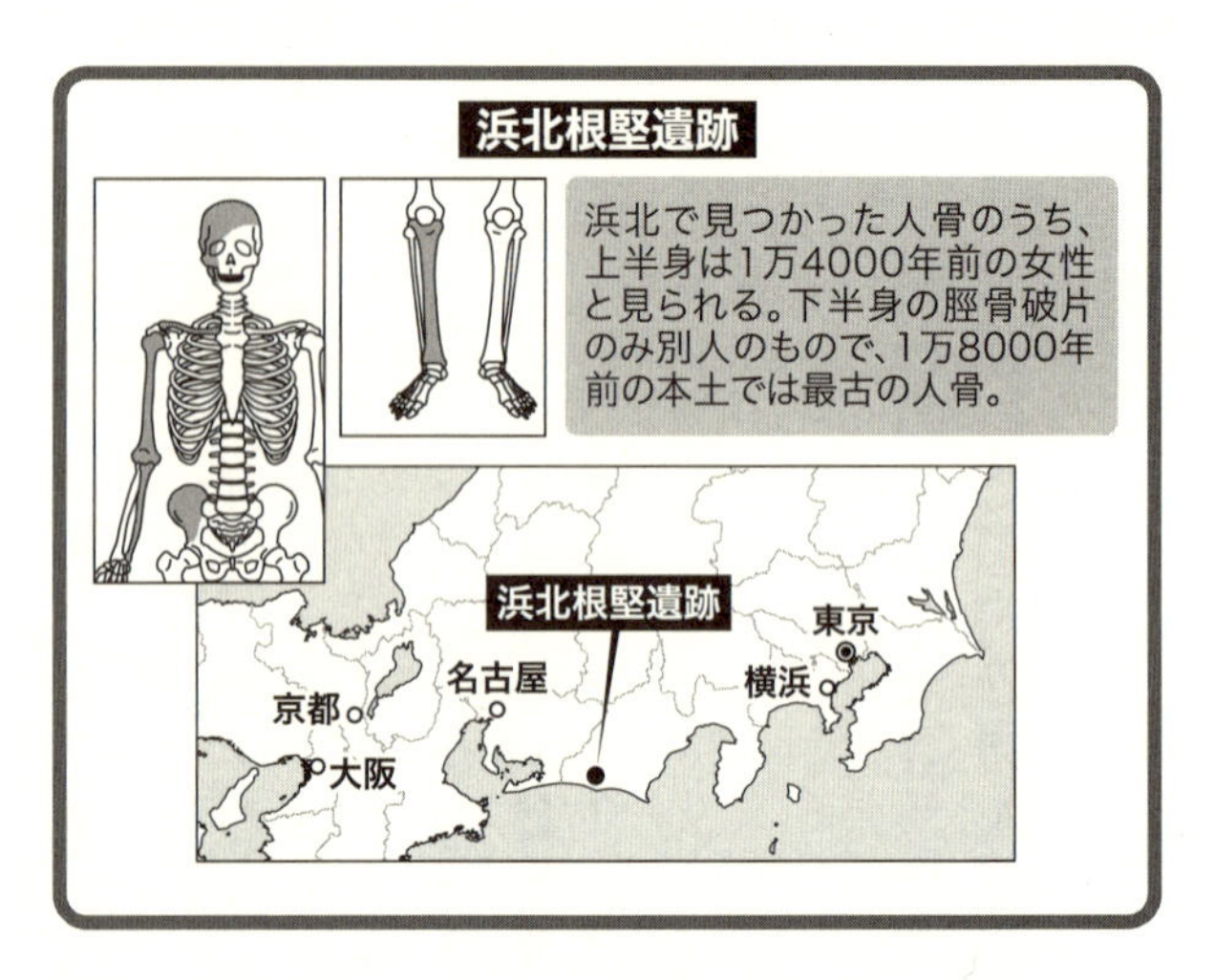

りました。その根拠になったものとしてはまず明石原人が挙げられます。戦前に発見され、実物は戦争により焼失していますが、戦後、模型を調査した長谷部言人が原人の可能性を指摘したのです。

また、1980年以降になって、原人が生きていた前期旧石器時代（約30万年以上前）の地層から石器が続々と発見されたことも根拠となりました。複数の地域から発見されたため、日本列島には広く原人たちが分布していたと考えられるようになったのです。当時は多地域進化説が一般的だったため、それらの原人たちが日本列島で進化を遂げ、新人つまりホモ・サピエンスになったと考えられていました。

ところが**これらは現在では一般的ではなくなっています**。きっかけは二〇〇〇年に前期旧石器時代の石器に関する捏造が発覚したことです。この捏造事件がもたらした影響は大きく「日本の考古学や人類学は10年遅れた」といわれています。なぜなら、原人たちが日本列島で新人になったと信じられていたわけですから「アフリカ起源説」を受け入れる土壌がなかったのです。

さらにそれまで日本では数多くの旧石器人の人骨が発見されていましたが、分析技術の発達に伴い、**年代測定を改めて試みた結果、その多くが縄文時代以降の骨であることが判明**しました。**明石原人についても、形態的な特徴はホモ・サピエンスでほぼ間違いない**だろうというのが現在の定説です。本州において確実に旧石器時代の人骨といえるものは静岡県の**浜北根堅（はまきたねがた）遺跡から出土した脛骨のみ**となっています。

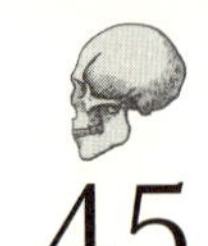

45 縄文人が生まれ育ったのは日本列島だった

日本では旧石器時代の次の時代を縄文時代と呼んでいます。約1万6000年前に始まり、およそ3000年前に終わりました。1万年以上にわたって続いた時代だったわけです。「縄文」という名の由来は、この時代から始まった土器文化に関わりがあります。この時代の人たちは土器を発明し、その表面にさまざまな文様をつけました。そのなかで縄目模様の土器が数多く出土したことから、「縄文時代」と名付けられたのです。

この縄文時代は草創期・早期・前期・中期・後期・晩期にそれぞれ分けられています。時代区分の基準は土器の形の変化によるものです。地域的にもさまざまなタイプがあります。旧石器時代に比べると、縄文時代の遺跡・人骨は数多く発掘されており、DNAの分析も進んでいます。みなさんは縄文人といえば、どのような姿を思い浮かべるでしょうか。おそらく「身長が低くて骨太。額が狭く、顎が張っている」というイメージをもっている人が多いことと思います。筋骨隆々という言葉が似合う姿かたちです。

中期以降の縄文人の体格はそのとおりだったのですが、**前期以前の彼らは比較的華奢な体格をしていた**といわれています。また、発掘されている大部分の人骨は中期以降のものです。では、途中で縄文人は別の集団に変わってしまったのでしょうか。今のところ得られているデータでは縄文時代全期を通じてミトコンドリアDNAの連続性が明らかになっているので、集団の交替は考えられません。また、最近行われている核ゲノムの解析でも、それは裏づけられています。

途中で体型が変わったのは、**環境面での影響も大きいと考えられています**。池田次郎は、前期以前の人骨は山間部の洞窟や岩陰の遺跡から見つかることが多く、中期以降の人骨の多くは海岸部の貝塚で見つかっていることを示しました。おそらく環境の違いや栄養状態が体型に変化を与えたのでしょう。前期縄文時代に属する海岸部の貝塚から、中期以降の縄文人に近い形質の骨が見つかっていることも裏づけとなりそうです。

では、縄文人たちに共通するミトコンドリアDNAとはどのようなものだったのでしょうか。とくに縄文人に多く見られるのが、東南アジアや南中国を起源とする**南方系のハプログループと北東アジア沿岸部の先住民にわずかに見られるハプログループ**です。どちらも現在では日本以外の周辺地域にはほとんど見られないハプログループなのです。

ここで注目したいのが、縄文人たちのもつハプログループの地域差です。じつは前者のハプログループは西日本で見つかるタイプと、東北・北海道では、異なる系統に属するものなのです。

そこから想像されるシナリオは、旧石器時代、「**大陸のさまざまな方面からそれぞれに異なる由来をもつ集団がやって来て、日本で混血した**」ということになります。周辺地域に同じ組み合わせをもつ集団が存在しないことも、納得がいきます。縄文人たちはアジアの広い範囲の集団から遺伝的影響を受けたことで、他に類を見ない形質を獲得したのです。「**縄文人は日本で生まれた**」わけです。

日本では長らく、自分たちのルーツにあたる縄文人の起源を周辺地域に探し

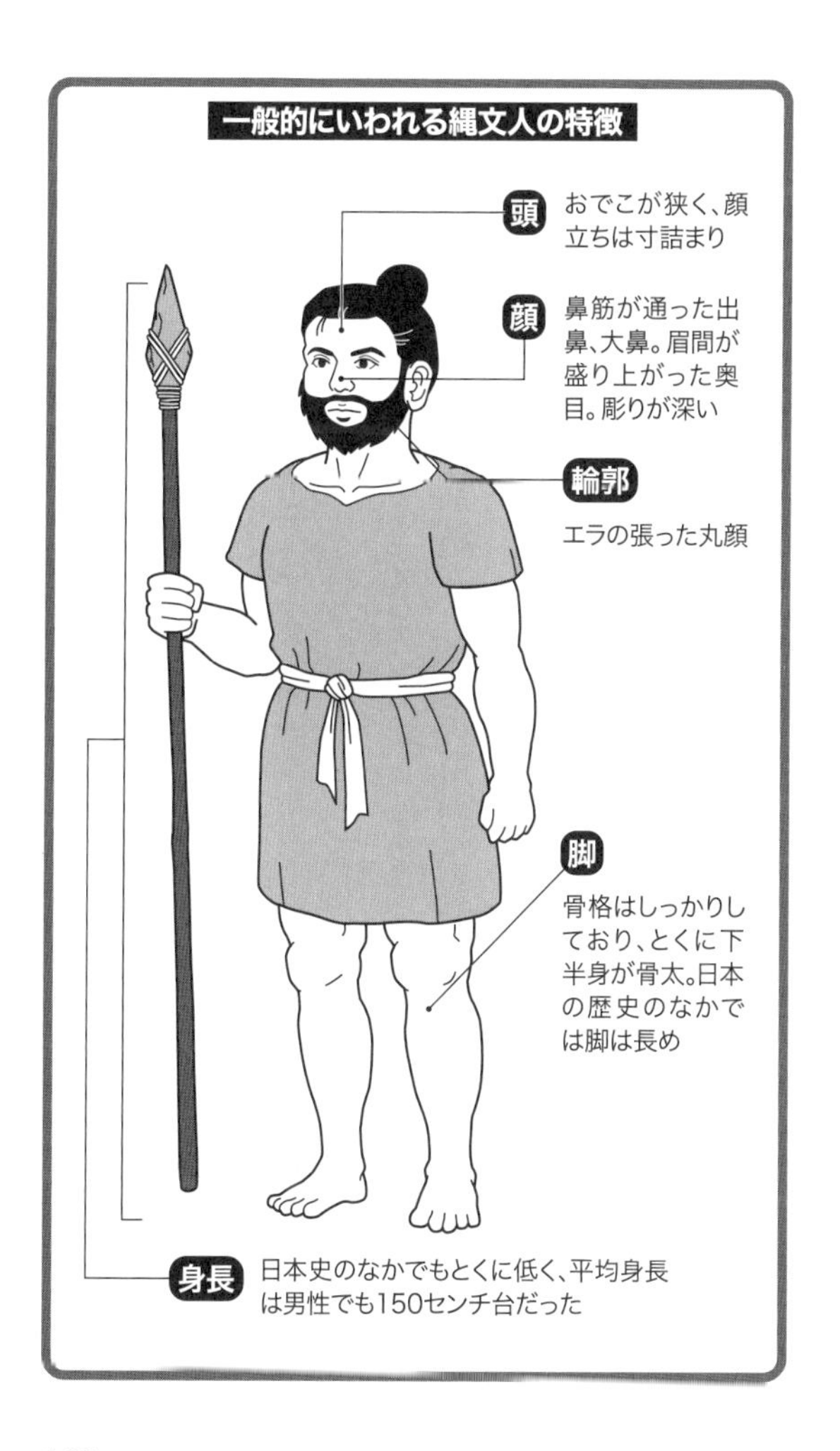
一般的にいわれる縄文人の特徴
頭
おでこが狭く、顔立ちは寸詰まり
顔
鼻筋が通った出鼻、大鼻。眉間が盛り上がった奥目。彫りが深い
輪郭
エラの張った丸顔
脚
骨格はしっかりしており、とくに下半身が骨太。日本の歴史のなかでは脚は長め
身長
日本史のなかでもとくに低く、平均身長は男性でも150センチ台だった

てきました。ですが縄文人に似た人々はどこにもいないのです。私たちは、自分のルーツを考える際の前提を間違えていたのではないでしょうか。

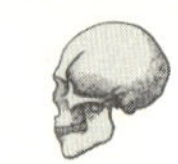

46 縄文人たちが営んでいた個性的な生活スタイル

縄文人たちのライフスタイルはどのようなものだったのでしょうか。その特徴として挙げられるのが「縄文」の名の由来にも関係する土器の発明です。この土器によって彼らのライフスタイルは大きく変化したと考えられます。

土器がもたらした変化といえば、一番は食生活でしょう。煮炊きができるようになったことで、**ドングリやクリなどのアク抜き・燻製(くんせい)が可能になった**と考えられます。つまり、食べ物の加工や保存技術が発達したのです。また、土器は食糧の貯蔵庫としての役割も果たしたと考えられています。

さらに時代が後になるほど装飾もしだいに派手になっていきます。機能性よりもデザイン性を重視していることから、儀礼や祭祀の道具に使われていた可能性もあるでしょう。土偶などはその顕著な例といえます。また、土器は死者を埋めるときのお棺の働きも果たしていました。この**土器の発明によって縄文人たちはある程度の期間は同じ場所にとどまって暮らすようになっていきました**。食べ物の保存性が高くなったので、新たな食料を求めて移動する必要性も、それだけ減ったからです。

住居の形にも定住性を示す特徴が現れています。縄文時代になると、テントのような住居に変わって、「竪穴住居」が登場しました。地面に穴を掘り、そこに柱を置くタイプの住まいとなっています。屋内には石で囲った炉も置かれていたようです。

定住にともなって、**貝塚**もつくられるようになりました。端的に説明すれば、食べかすを捨てるゴミ捨て場ということになりますが、今の感覚のゴミ捨て場とはかなり意味合いが違ったようです。丁寧に埋葬された人骨なども貝塚から発見されており、宗教的な意味のある場所だったと考えられています。縄文時代に入って人骨の発見が急激に増えるのは、この貝塚のおかげ。貝殻に含まれるカルシウムが骨を守ってくれているからなのです。

定住性が高まる一方、移動技術が発達したことも縄文時代の特徴。たとえば、本格的な丸木舟の出現。海産物を採る際に使われていたと考えられますが、海上輸送の手段にも用いられたと考えていいでしょう。海上輸送の根拠となる例を示せば、**新潟県の糸魚川で産出されるヒスイが青森県の三内丸山遺跡から見つかっています**。この時代、人々は日本列島を大きく移動するようになっていたと考えられます。

縄文時代にはまた一風変わった風習がありました。それは抜歯・研歯を、文化的な風習として行っていたということです。治療行為ではなかったことは、健全な歯を抜いていたことからも判明しています。研歯とは、歯に特別な加工を施す行為。たとえば刻み目を入れたり、尖らせたりといったことです。この研歯は抜いた歯に行うのではなく、生えている状態で行われていました。研歯をされている当人は、かなりの痛みに耐えなければならなかったはずです。

縄文人たちはなぜこうしたことをしたのでしょうか。はっきりしたことはわかっていませんが、大人になるための通過儀礼ではなかったかと考えられています。通過儀礼として身体を傷つけることは昔から世界中で見られる風習です。

縄文文化

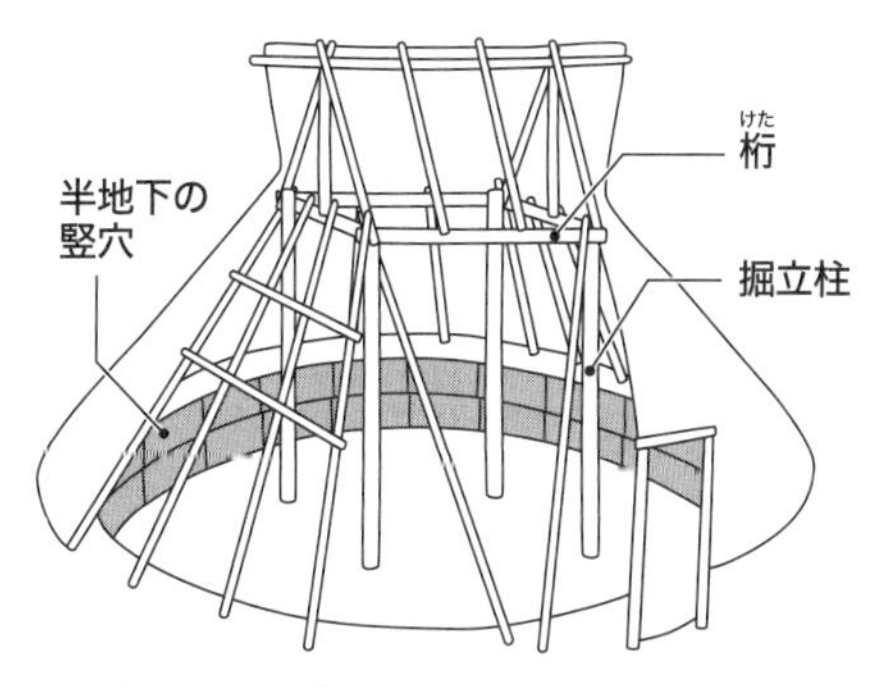

竪穴住居イメージ図。穴を掘り、そこに柱を立てた住居。半地下の部分を竪穴という。

写真提供:国立科学博物館

縄文時代前期の土器。

抜歯も研歯も縄文時代独特のものではありません。ただ、この両方を行うケースは他に見られず、その点で縄文人の「個性」が際立っています。こうして見ると縄文人たちのライフスタイルはかなりユニークなものだったことがわかります。

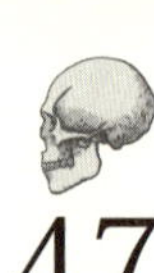

47

稲作文化をもった人々が日本列島にやって来た！

1万年以上にわたって続いてきた縄文時代はおよそ3000年前に終わりを告げ、続いて弥生時代を迎えます。といっても干支(えと)が変わるように「昨日までは縄文時代でしたが、今日からは弥生時代です」という明確な線引きはできません。日本列島のなかで非常に長い時間をかけて縄文時代から弥生時代に移行していったと考えられます。また、北海道や沖縄では弥生時代に移行しませんでした。

ここで簡単に弥生時代についておさらいをしておきましょう。弥生時代の「弥生」とは東京都文京区の地名に由来します。弥生町という地域の貝塚から縄文式土器とは異なるタイプの土器が出土したことをきっかけに、縄文時代とは違う文化をもつ時代が存在したことが明らかになったわけです。ちなみに、その「弥生式土器」が発見されたのは1884（明治17）年のことでした。

弥生時代の特徴として最大のものは水田稲作農耕といっていいでしょう。この稲作文化をもたらしたのは、大陸からの渡来人。日本列島に住んでいた縄文人たちが生み出したものではなく、朝鮮半島を経由して日本列島にやって来た人々によってもたらされたというのが定説となっています。

彼ら渡来人は北九州や山口など大陸に近い地域から上陸して、じょじょに水田稲作農耕を広げていきました。すでにふれたように、縄文人たちも定住生活を送っていたようですが、農業が中心の**弥生時代になると人々の定住はしだいに本格的なものとなっていきました**。ムラをつくり、ムラとムラとの交流も盛んになっていったと考えられます。また、本格的な農耕を始めたことで食糧事情が安定したことも影響し、人口も増えていきました。

渡来系弥生人たちがもたらしたものとして、他には青銅器や鉄器などが挙げられます。これらは弥生時代の中頃から使われるようになるため、大陸とは継続的に交易があり、人々が渡来していたと考えていいでしょう。

ただ「弥生人」と一口にいっても、そのタイプは画一的なものではありません。一般的に弥生人は「縄文人よりも背が高く、面長で、平板な顔をしていた」というイメージがあるようですが、それは渡来系弥生人の特徴。縄文系の特徴を受け継いだ弥生人もいたでしょうし、しばらくは渡来系弥生人と混血しなかった縄文系の人たちもいたに違いありません。時代は弥生時代なので、この人たちも弥生人です。

実際、北部九州にある弥生時代初期のお墓からは、縄文系の顔立ちをした人骨が見つかっています。このお墓は、朝鮮半島に起源があるとされているので、本来は渡来系の形質をもった人骨が出るのが自然なのです。このことからも、干支が変わるようにパッと時代が変わったわけではないということがわかると思います。

現代日本人、とくに本土日本人の遺伝的な枠組みは、縄文系と渡来系弥生人の混血によってつくられたと考えられます。ということは、現代人から縄文系

渡来系弥生人の原郷と雑穀および稲作の伝播ルート

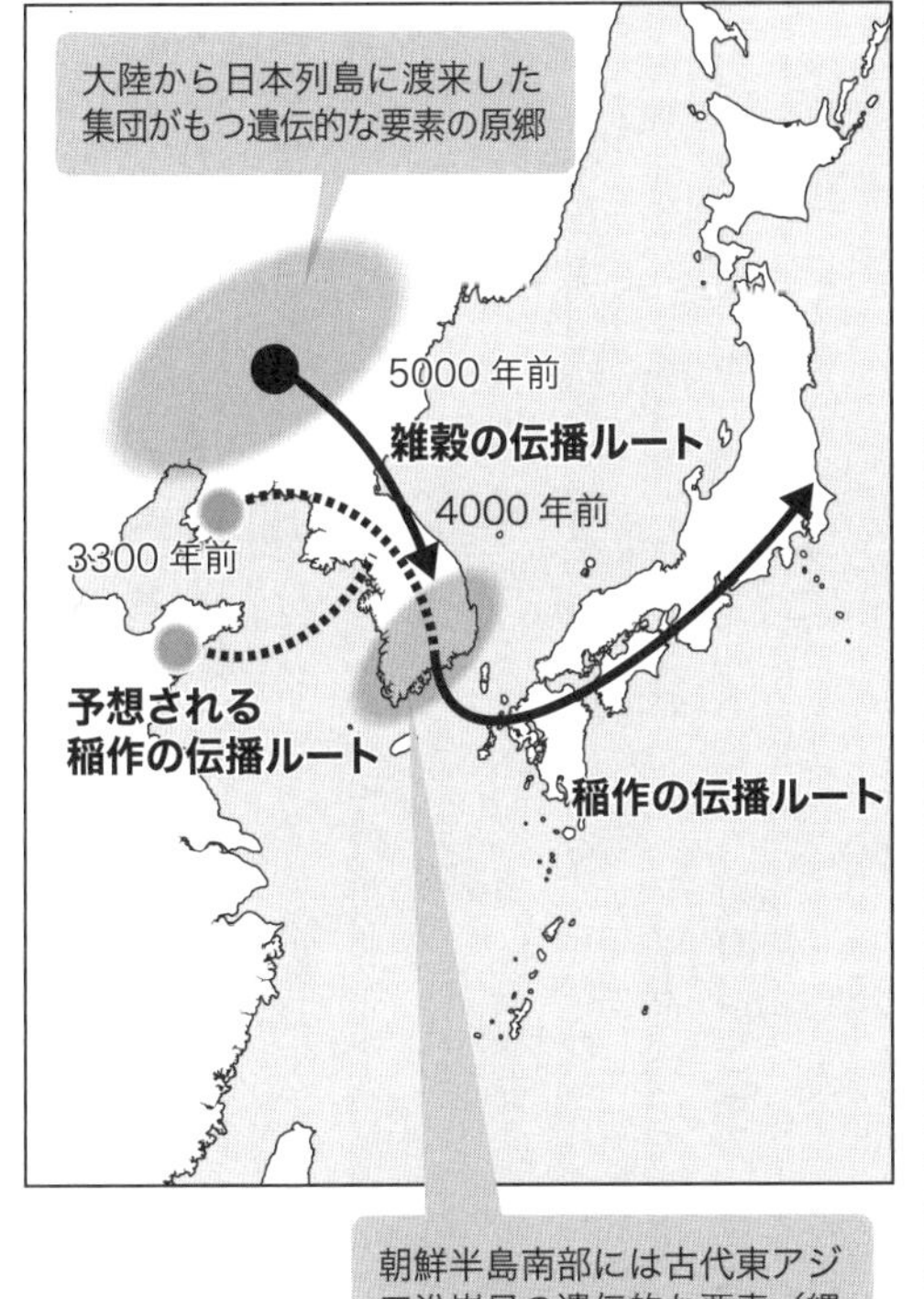

朝鮮半島南部には古代東アジア沿岸民の遺伝的な要素（縄文要素）が残っている

の遺伝的な要素を取りのぞくと、後に残るのは渡来系弥生人に由来するものということになりますね。

しかし、核のゲノム解析が進むと、渡来系と考えられる弥生人もある程度の縄文人の遺伝的な要素をもっていることがわかってきました。しかも、韓国でも縄文時代に相当する新石器時代の人骨に縄文人の遺伝的な要素をもつものがいることも明らかになっています。縄文人と渡来系弥生人は遺伝的にスッパリと区別できるものではないのです。さらに大陸の古代ゲノム解析が進んだことで、現在では、弥生時代以降に日本に入った遺伝的な要素のルーツは、5000年ほど前の西遼河流域の雑穀農耕民であることがわかっています。彼らが4000年ほど前に朝鮮半島に南下を開始し、その後3300年前に中国から稲作が伝わります。日本列島に渡来するのが3000年前ですから、比較的短期間で集団が混合してやってきたことになります。

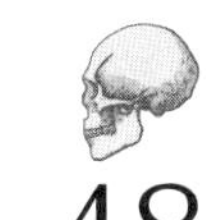

48 縄文人と弥生人は穏やかに一つになっていった

前項でもふれたように、今の日本人は縄文系に由来する遺伝的要素を受け継いでいる一方で、渡来系弥生人の遺伝的要素ももっています。かつては「渡来系弥生人たちは大量に日本列島にやって来て、列島周辺地域に縄文人が残った」といわれていました。先に簡単にふれた**「二重構造モデル」**です。しかし現在では、そのシナリオは一部見直されています。

本土日本では在来の縄文人と新しくやって来た弥生人が混血し、現在の日本人の枠組みがつくられたという意味では、DNA解析の面からも二重構造モデルは支持できます。しかし、その融合はこれまで語られてきませんでした。その実相がDNA研究でおぼろげながらわかってきました。

各時代の人々のもつゲノムの変遷からは縄文人たちが抹殺されたような形跡は見えてきません。またDNA解析以外の分野でも、**この時代に縄文系の人々**

と渡来系弥生人の間に争いがあった証拠は見つかっていないのです。こうしたことから、「縄文系対渡来人」という対立的な構図は見直されています。そもそも、縄文人たちにしても均一の集団ではなかったことは、先述のとおりです。そんなに単純な構造で語れる問題ではないようです。

大規模な争いが起こらなかった理由はいくつか考えられます。**渡来系の人々の流入はそれほど大規模なものではなかった**ことがまず一つ。かつては「海を渡ってきた人たちは100万人規模」という説が唱えられていたことがありますが、今は、おそらく彼らは**小規模な単位で継続的に海を渡ってきた**と考えるのが一般的です。

また、渡来系の人たちと縄文系の人たちのライフスタイルの違いも一因になったのかもしれません。稲作主体と採集狩猟主体の生活習慣をもつ両者は、利害を巡って争う必要もなく、**かなりの長期間にわたって別々の場所でそれぞれに暮らしていた**のではないかと考えられるのです。当時の日本列島は、両者のライフスタイルを許容する豊かさをもっていました。もしかしたら、そもそもがいろいろな集団の混血である縄文系の人たちには「来るものを拒まず」という大らかな精神性があったのかもしれませんね。

なお、現在では渡来系弥生人由来と思われるゲノムが日本人の最大勢力になっていますが、この差は住み分けがされていた頃に、稲作主体のグループで他を圧倒する人口増が生じたことによる差だと考えられます。

先述のとおり、縄文系の人々と渡来系弥生人は長期間にわたって日本列島で共存していました。そのため**縄文時代と弥生時代の境界線は相当に幅がある**と考えられます。これは時間的意味だけではなく、地域的な意味でもです。弥生時代への移行は、渡来人たちが上陸した九州北部からゆっくりと始まっていったようです。

混血もかなりゆるやかに進んだと考えられます。弥生時代どころか、その次の古墳時代に至ってもなお、渡来系弥生人との混血は全国におよんでいなかった可能性があります。各地の古墳時代の人々の核ゲノム解析からは、地域によって縄文系の遺伝子と渡来系の遺伝子の混合の割合が大きく異なっていることがわかっています。

古墳時代といえば、今からおよそ1800年前に始まったとされています。

かの邪馬台国の卑弥呼の後の時代であり、日本最大の古墳として知られる大阪府堺市の前方後円墳の大仙古墳（仁徳天皇陵）がつくられた時代です。

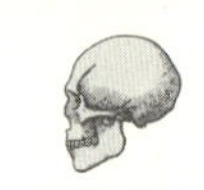

49 鎌倉時代に関東では現代日本人の基本ができあがる

奈良・平安時代の遺跡からは人骨の出土が少なく、分析はあまり進んでいません。なぜこの時代の人骨が少ないのかといえば、仏教の影響で火葬の習慣が広まったためです。墓自体は数多く見つかっているものの、人骨に関しては分析しにくい状態で残っているものが大半。火葬の影響で粉々になっているケースも珍しくありません。また、粉々とまではいかないにしても、破損状態が大きいのです。

一方、鎌倉時代の遺跡からはたくさんの土葬された人骨が発掘されています。とくに多いのが鎌倉市で、ここに幕府が置かれていたことが影響しています。鎌倉市のなかで由比ヶ浜一帯は当時大規模な墓地として利用されていたことが明らかになっています。墓地のなかには、遺体が男性に偏っていることや、受傷者が多いことから、1333年の鎌倉攻めなども関係しているといわれているものもあります。

鎌倉時代の人骨のミトコンドリアDNAを調べたところ、その**ハプログループの構成は、現代日本人とほぼ同じ**であることがわかりました。日本人は縄文人と渡来系弥生人がゆるやかに融合しながら形成されていきましたが、**鎌倉時代には、ほぼその基礎ができあがっていた**と考えていいでしょう。

頭骨を比べてみても、中世鎌倉の人骨は弥生時代以来の本土日本人の範疇に収まっています。古墳時代までは縄文系の人々が主体だった関東も、鎌倉時代になると、ほとんど弥生人たちと融合し合ったといえそうです。

日本人の特徴として、頭の形を上から見ると丸い「短頭」であることが挙げられることがあります。ですがじつは、その傾向は時代によって変化していることがわかっています。具体的にいうと、縄文時代から中世にかけては「長頭化」が進んでいるのです。長頭化というのは、頭を上から見たとき左右の幅よりも前後の幅が長くなることを意味します。

ところが、近世になると今度は逆に「短頭化」の傾向が続くようになるのです。つまり日本の歴史のなかで鎌倉時代の人々が、最も頭が長い集団だったということになります。だいたい当時の人々の頭の長さは、現在の西洋人と同じくらいだったといわれます。

なぜ中世をピークとしてそれまで前後に長かった日本人の頭が短くなっていったのでしょうか？　これに関してはさまざまな説がありますが、現在に至るまで納得のいくものは出されていません。たとえば「そのときどきの栄養状態に影響されているから」「咀嚼の強さによって頭の長さが違ってくるから」といった説がありますが、栄養状態に関しても咀嚼に関しても個体レベルでは通じるでしょうが、この傾向は鎌倉以外の同時代の人骨からも確認されており、全国的な流れだったようです。そもそも中世時代に日本人のライフスタイルが大きく変わったという確証もないので、環境的な影響は考えにくいといえます。骨格の問題は、遺伝子と生活習慣が複雑に絡むので、話が難しくなります。

ただ、ミトコンドリアＤＮＡの変遷を見ると、この時代に日本列島における融合のプロセスが一段落したと見ることができます。ここに一つのヒントがあ

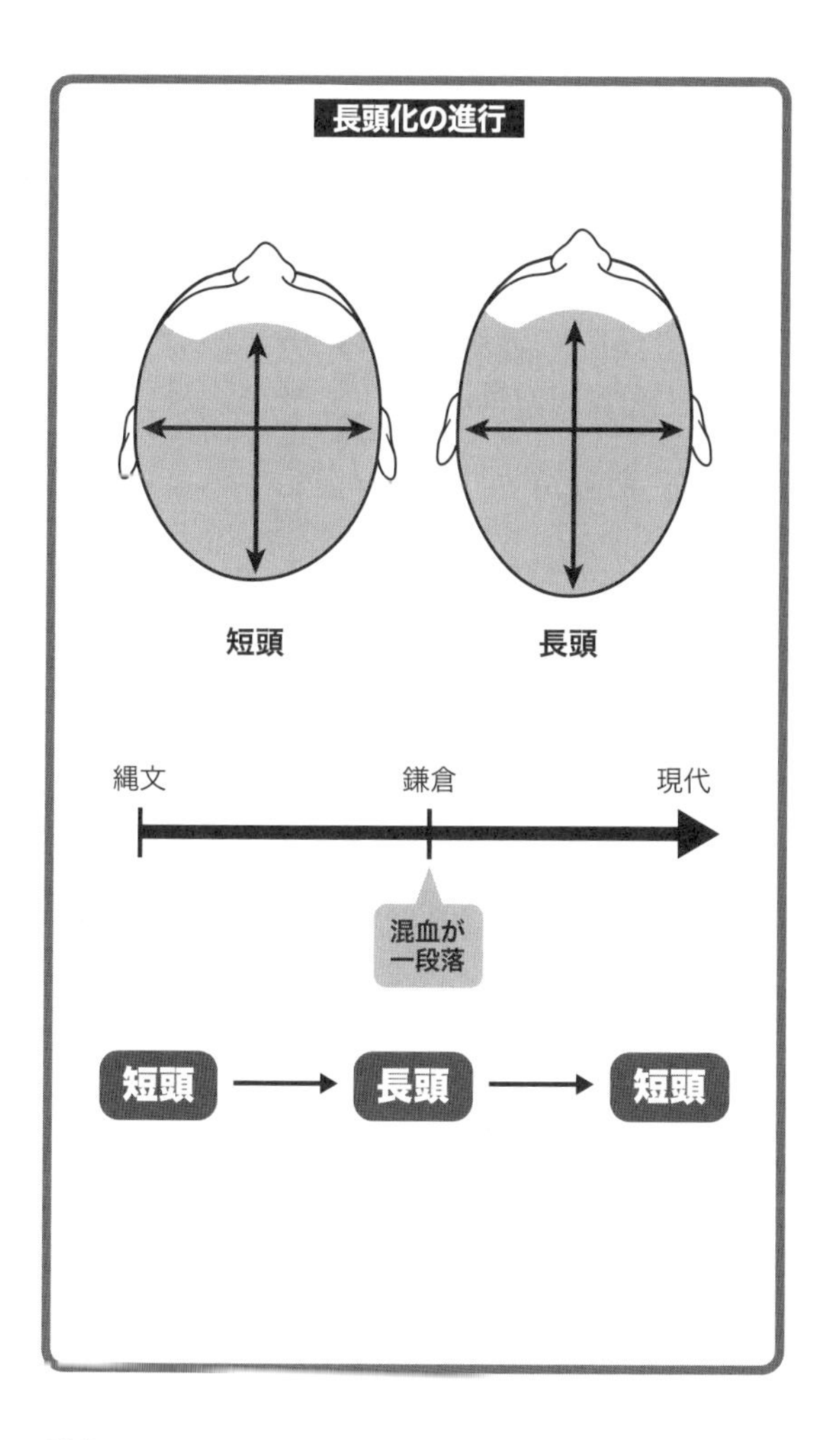
長頭化の進行
短頭
長頭
縄文
鎌倉
現代
混血が
一段落
短頭
長頭
短頭

るといえそうです。つまり長頭化はもしかすると、**混血による遺伝子の変化がもたらした現象**なのかもしれません。ただ、これはあくまでも仮説の段階で、今後の研究が待たれるところであるということはお断りしておきます。

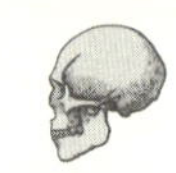

50 1万体以上も残る江戸時代の人骨が語ること

江戸時代、葬儀のスタイルとしては土葬が主流でした。その江戸時代は260年あまり続いたこともあって、出土する人骨の数もおびただしく、国立科学博物館だけでも1万体以上の江戸時代の人骨が収められており、それに加えて、毎年数百体の規模で増えている状況です。

であるにもかかわらずというべきか、あるいはだからこそというべきかもしれませんが、じつは江戸時代の人骨のDNA分析はそれほど進んではいません。その理由の一つは、研究者の興味が日本人の成立に直結する縄文人に集中していることで、江戸時代の人たちは現代人と時代的にも近いので、「だったら、わざわざ分析する必要もないのでは？」という空気があるためです。

ただそうはいっても、まったく手がつけられていないわけでもなく、最近の研究ではなかなかに興味深い事実も明らかになっています。たとえばミトコンドリアＤＮＡの観点からいえば、**当時東北や信州に住んでいた人たちは、すでに現代日本人と同じタイプのミトコンドリアＤＮＡをすべてもっていた**ことがわかります。また、アイヌの人たちのなかにも本土日本人から遺伝的な影響を受けているケースが見られるのです。江戸時代になると、**東北なども含む本土の全域で、今の日本人と同じ遺伝的な構成ができあがっていた**と考えられます。

江戸時代はいうまでもありませんが、徳川家による支配が続いていました。その徳川家にゆかりのある人たちのミトコンドリアＤＮＡも調査されています。きっかけは２００７年から翌年にかけて行われた上野の寛永寺の徳川霊園の改修でした。

このときに徳川将軍家の正室・側室・息女たちの遺骨が発掘されました。そのうち15体を分析し、12体でミトコンドリアＤＮＡのハプログループを突き止めることができたのです。

その結果によると、彼女たちのDNAは特別に際立ったものではなく、多くの日本人に共通するものであることがわかりました。徳川家の墓所に眠る人たちなので、家柄や身分など社会的な地位は高かったに違いありませんが、**遺伝的には一般の人たちと同じだった**といえます。これは考えてみれば当たり前のことですね。

分析をした人骨のなかには、徳川将軍の生母のものも含まれていました。ミトコンドリアDNAは母から子に伝わるので、将軍たちがどのようなミトコンドリアDNAをもっていたのかも推測ができます。

そのなかでとくに興味深いのが、10代将軍の家治。この人は8代将軍吉宗の孫で、田沼意次を起用したことで知られています。この家治の母方の系統をさかのぼっていくと、中央アジアに達し、遠い親戚はラップランドと呼ばれるスカンジナビア半島のエリアでトナカイを飼っている人たちにつながることがわかりました。日本人のなかでも非常に珍しいハプログループです。

ラップランドはトナカイが多いことからサンタクロースが住むといわれている場所。徳川将軍とサンタクロースにご縁があるというのは、なんともロマン

将軍家のミトコンドリアDNA

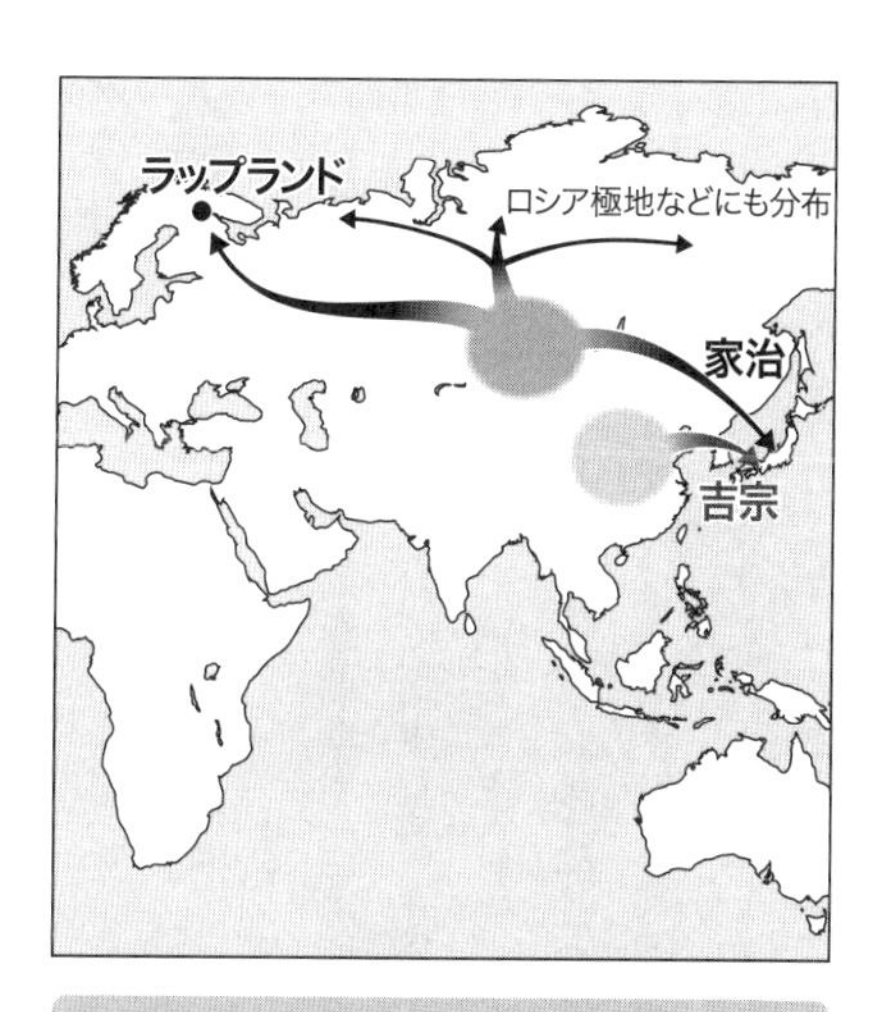

ミトコンドリアDNAは母親から受け継がれる。そのため、父系相続の将軍家などは型がバラバラ。有名な将軍では吉宗もミトコンドリアDNAが判明している。D4と呼ばれるグループで、渡来系弥生人がもたらしたと考えられる北東アジアに広く分布するものだ。

のある話ではないでしょうか。

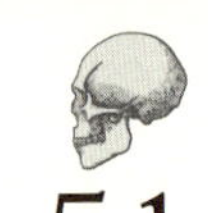

51 アフリカから日本へ 人類の旅はこれからも続く

日本人がもつDNAを時代的な要素や空間的な要素などさまざまな方面から分析していくことで、アフリカで誕生した人類がどのようなルートをたどってこの日本列島にやって来たかを見てきました。**アフリカを後にしたホモ・サピエンスたちは、じつにさまざまなルートをたどって日本列島にやって来た**のです。

日本列島はご存じのように、ユーラシア大陸の東の端に位置しています。ホモ・サピエンスたちが東アジアにたどり着いた後、さほど時間をおかずに列島にまでテリトリーを広げたことは考古学の研究からも判明しています。その後、北東アジアから東南アジアにかけての広い地域からたくさんの人々を受け入れながら多様化していったこともDNAは伝えています。

日本列島はアジアの東端に位置しており、そこから先に行こうとすると、広大な太平洋が目の前に立ちはだかります。そのため、東へ東へと進んできた人類はこの日本列島を一つのゴールとしてこの地にとどまり、長い時間をかけながら融合していったといえるのでしょう。つまり、**アフリカを出発した人類は枝分かれするようにしてさまざまなルートをたどりながら世界に広がり、そして日本列島でまた一つになった**というわけです。そこには壮大なロマンが感じられます。

すでにふれたように、日本列島に最初にホモ・サピエンスたちがやって来たのは約4万年前とされています。本来、日本人の成り立ちを考えるとき、この時点からスタートするべきなのでしょうが、これまでの人類学では、人骨が多く残されている縄文時代中期からスタートしていました。そして、この時代に日本列島に住む人々は「均一化」したと考えられていました。しかし、**縄文人のDNAを調べると、均一化どころかまだまだ多様性に富んでいた**ことがわかったのです。

日本の人類史は約4万年前に始まったわけですが、ここを起点に現在までを1年にたとえてみると、明治時代から現在に至るまでの歳月は最終日の大晦日に相当します。鎌倉時代が終わりを告げるのはクリスマスの時期、そして弥生時代は12月の半ばです。このような視点で見てみると、4万年という歳月がどれほど長いかが実感として伝わってくるのではないでしょうか？

さらに続ければ、縄文時代が始まったのはお盆の時期、つまり8月の中旬となります。そして人類学が日本人の成り立ちとしてスタート地点としていた縄文中期は11月の半ばです。いうなれば、**これまでの人類学は、秋の終わり以降の事柄をもって1年を語っていた**のです。いい換えると、春や夏を知らずに四季の移ろいを語っていたということになってしまいます。文字も発明されておらず、遺跡の数も限られているはるか遠い昔のことを語るのは、もちろん簡単なことではありません。ただ、この日本列島に住む私たちはおよそ**4万年という長い長い歴史のなかで多様な遺伝的要素を取り入れながら育まれてきた存在**であるということは忘れないようにしたいものです。

また、その4万年という歳月も、人類がアフリカを出発した長い旅のなかに含まれているということも意識するべきでしょう。人類の旅は日本列島で最終的なゴールを迎えたわけではなく、まだまだこれからも続いていくのです。そ

日本人とは何者か

アフリカを出発し、複数のルートでアジアに分布した人類が、それぞれ日本に進出し、数万年をかけて混合集団になったのが現在の日本人と考えるのが妥当。

の先にはどのような風景が広がっているのでしょうか？　それは私たちのこれからの選択にかかっています。

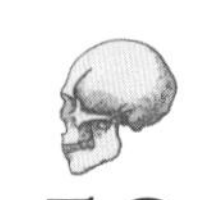

52 「私たちは何者か」という永遠の問いへの答えを探して

アフリカを出発したとき、私たち人類の祖先は採集狩猟民として旅立ちました。おそらくは、より豊富な食物を求めながらテリトリーを広げていったのでしょう。

長い歳月が流れ、やがて人類は農耕を発明します。そのことで人口は爆発的に増え、今度は農耕民たちの移住が始まりました。より実りの多い土地を求めてのテリトリーの拡大だったといってもいいでしょう。

世界の多くの地域で、現在に続く集団の遺伝的な構成は、この採集狩猟民と農耕民たちとの融合によって形成されていきました。これは、すでに見てきたように日本列島においても同じ経緯をたどったといっていいでしょう。ただし、ヨーロッパでは少し事情が異なり、農耕民の社会に5000年ほど前の青銅器時代に、東から放牧民が侵入して、集団の遺伝的な特徴を大きく変えたことがわかっています。

それまでの人類の移動は食料の確保を目的としたものでしたが、**15世紀以降の大航海時代になると「経済」が移動のモチベーション**となります。貿易という経済活動を生み出した人々は、より多くの利益を求めるようになり、それが莫大な数の人々の移住を促すことになりました。その移動手段も船だけではなく鉄道や自動車、飛行機など飛躍的に向上していったということは、改めて強調するまでもありません。

今の時代は、その**15世紀から始まった人類大移動と連続的につながっているといえます**。多くの人々は、かつてないスピードと規模でダイナミックに地球上を移動しています。

DNA的観点からそうした大移動が何をもたらすかを考えると「均一化」というキーワードが導き出されます。移動にともなって人々の交流は活発になり、そのことで遺伝的な融合はますます進み、**全体的に人類はフラット化していく**

と考えられるのです。

これは日本も例外ではありません。おそらく今の日本人がもっている遺伝的な構成も、数百年後には異なったものとなっているに違いないでしょう。「日本人が日本人でなくなる?」と思う人もいるかもしれませんが、もともと日本という国ができる以前からこの日本列島には人間が住んでいたのです。**彼らはさまざまな地域からやって来た人たちであり、その後じょじょに融合していったことは**本書で明らかにしてきたとおりです。

その融合は一段落はしたものの、完了したというわけではなく、これからもまだまだ続いていくと考えるほうが自然です。数百年先の日本列島に住む人たちも、数万年・数千年前から日本列島に住んでいた人たちも、そして今この時代に住んでいる私たちもそれぞれが同じ線で結ばれているのです。そうした観点をもつことも、私たちには必要なのではないでしょうか。そのことで子孫たちに何を残し、どんなことを伝えていくべきかも見えてくるように思います。

これは世界的な傾向ですが、国同士の関係は近隣であればあるほど対立が激しくなっているようです。みなさんもすぐに該当するケースを思い浮かべるこ

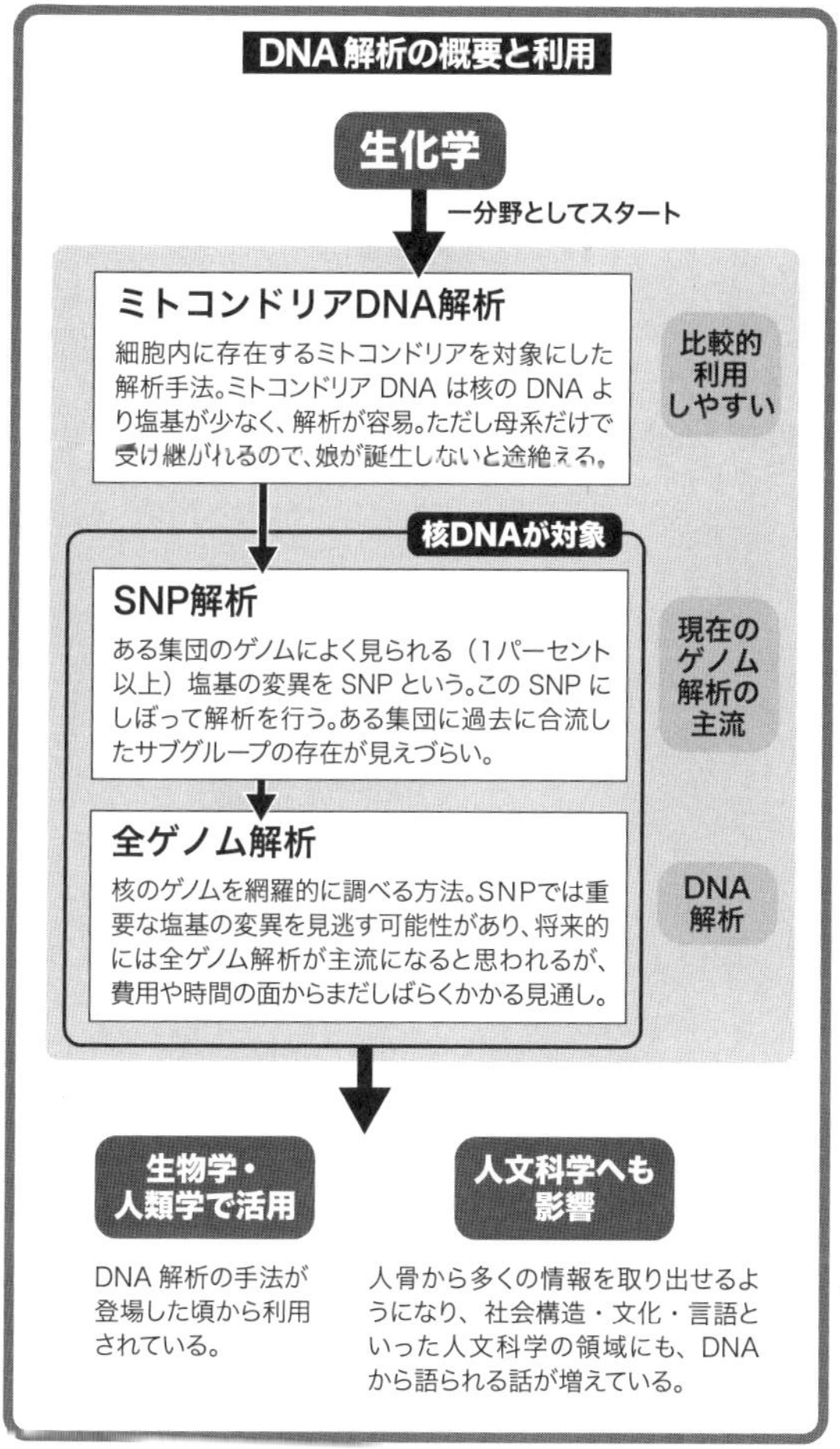

DNA解析の概要と利用

生化学

一分野としてスタート

ミトコンドリアDNA解析

細胞内に存在するミトコンドリアを対象にした解析手法。ミトコンドリア DNA は核の DNA より塩基が少なく、解析が容易。ただし母系だけで受け継がれるので、娘が誕生しないと途絶える。

比較的利用しやすい

核DNAが対象

SNP解析

ある集団のゲノムによく見られる（1パーセント以上）塩基の変異を SNP という。この SNP にしぼって解析を行う。ある集団に過去に合流したサブグループの存在が見えづらい。

現在のゲノム解析の主流

全ゲノム解析

核のゲノムを網羅的に調べる方法。SNPでは重要な塩基の変異を見逃す可能性があり、将来的には全ゲノム解析が主流になると思われるが、費用や時間の面からまだしばらくかかる見通し。

DNA解析

生物学・人類学で活用

DNA 解析の手法が登場した頃から利用されている。

人文科学へも影響

人骨から多くの情報を取り出せるようになり、社会構造・文化・言語といった人文科学の領域にも、DNA から語られる話が増えている。

とができるはずです。しかしＤＮＡ的観点からすれば、近い国ほど同じ遺伝的要素をもつ人たちが多いということになるのです。その意味では遺伝子を通して「今」を見つめてみる価値は大きいのかもしれません。**ＤＮＡ解析は今、文化・政治といった社会科学へまでその裾野を広げていこうとしています**。

人類には**「私たちは何者か」**という永遠の問いかけがあります。その答えはもしかするとＤＮＡの二重らせんのなかに隠されているのかもしれません。ホモ・サピエンスたちのグレートジャーニーはきっと、その答えを求める旅でもあるのでしょう。

監修　篠田謙一（しのだ けんいち）
1995年生まれ。京都大学理学部卒業。佐賀医科大学助教授を経て、国立科学博物館人類研究部勤務。2021年より館長。専門は分子分類学。著書『人類の起源』（中公新書、2022年）は新書大賞2023で第2位となったベストセラー。他の主な著書は『DNAで語る日本人起源論』（岩波現代全書、2015年）。『江戸の骨は語る　甦った宣教師　シドッチのDNA』（岩波書店、2018年）。『新版　日本人になった祖先たち　DNAが解明する多元的構造』（NHK出版、2019年）など。

参考文献

『別冊日経サイエンス194 化石とゲノムで探る 人類の起源と拡散』篠田謙一 編（日経サイエンス社）
『日本人になった祖先たち DNAから解明するその多元的構造』篠田謙一 著（NHK出版）
『DNAで語る 日本人起源論』篠田謙一 著（岩波書店）
『サピエンス全史 上・下』ユヴァル・ノア・ハラリ 著、柴田裕之 訳（河出書房新社）
『人類進化の700万年 書き換えられる「ヒトの起源」』三井誠 著（講談社現代新書）
『日本人はどこから来たのか?』海部陽介 著（文藝春秋）
『骨が語る日本人の歴史』片山一道 著（ちくま新書）
『アフリカで誕生した人類が日本人になるまで』溝口優司 著（SB新書）
『アイヌと縄文 もうひとつの日本の歴史』瀬川拓郎 著（ちくま新書）
『縄文の思考』小林達雄 著（ちくま新書）
『弥生時代の歴史』藤尾慎一郎 著（講談社現代新書）
『人類20万年 遙かなる旅路』アリス・ロバーツ 著、野中香方子 訳（文藝春秋）
『人類大移動 アフリカからイースター島へ』印東道子 編（朝日新聞出版）
『骨 改訂新版 日本人の祖先はよみがえる』鈴木尚 著（学生社）
『火の賜物 ヒトは料理で進化した』リチャード・ランガム 著、依田卓巳 訳（NTT出版）

『そして最後にヒトが残った ネアンデルタール人と私たちの50万年史』クライブ・フィンレイソン 著、上原直子 訳（白揚社）
『人類の進化 拡散と絶滅の歴史を探る』バーナード・ウッド 著、馬場悠男 訳（丸善出版）
『ヒトはどのように進化してきたか』ロバート・ボイド、ジョーン・B・シルク 著、松本晶子、小田亮 監訳（ミネルヴァ書房）
『人類進化700万年の物語 私たちだけがなぜ生き残れたのか』チップ・ウォルター 著、長野敬、赤松眞紀 訳（青土社）
『改訂普及版 人類進化大全 進化の実像と発掘・分析のすべて』クリス・ストリンガー、ピーター・アンドリュース 著、馬場悠男、道方しのぶ 訳（悠書館）
『ヒトの起源を探して 言語能力と認知能力が現代人類を誕生させた』イアン・タッターソル 著、河合信和 監訳、大槻敦子 訳（原書房）
『アナザー人類興亡史 人間になれずに消滅した〝傍系人類〟の系譜』金子隆一 著（技術評論社）
『農耕社会の成立』石川日出志 著（岩波新書）
『ホモ・サピエンスと旧人 旧石器考古学からみた交替劇』西秋良宏 編（六一書房）
『氷河期の極北に挑むホモ・サピエンス マンモスハンターたちの暮らしと技』G・フロパーチェフ、E・ギリヤ、木村英明 著／訳、木村アヤ子 訳（雄山閣）
※他多数の書籍、研究報告書などを参考にしています。

※本書は２０１７年６月に洋泉社より刊行された
『歴史新書　ホモ・サピエンスの誕生と拡散』を加筆・改訂し、文庫化したものです。

ホモ・サピエンスの誕生と拡散

（ほも・さぴえんすのたんじょうとかくさん）

2024年11月20日　第1刷発行

監　修　篠田謙一

発行人　関川 誠

発行所　株式会社 宝島社

〒102-8388　東京都千代田区一番町25番地

電話:営業 03(3234)4621／編集 03(3239)0928

https://tkj.jp

印刷・製本　株式会社広済堂ネクスト

Printed in Japan

First published 2017 by Yosensha Co., Ltd

ISBN 978-4-299-05303-9

宝島SUGOI文庫　好評既刊

脱税の世界史

佐藤優氏（作家・元外務省主任分析官）推薦！

古代ローマ帝国滅亡、スペインの没落、アメリカ独立戦争、フランス革命……。歴史を動かした大事件の裏には、教科書には載っていない「脱税」問題が介在していた。元国税調査官の著者だからこそ書くことができた、驚きの事実に満ちた世界史。

大村大次郎（おおむらおおじろう）

定価　880円（税込）